【科普大家】

跟着"雪龙"闯极地

——南北极科学考察之旅

朱兵　崔静　著

中国科学技术出版社

·北　京·

图书在版编目(CIP)数据

跟着"雪龙"闯极地：南北极科学考察之旅/朱兵，崔静著. —北京：中国科学技术出版社，2010
ISBN 978-7-5046-5631-5

Ⅰ.①跟... Ⅱ.①朱... ②崔... Ⅲ.①南极－科学考察－中国②北极－科学考察－中国 Ⅳ.①N816.6

中国版本图书馆CIP数据核字（2010）第099698号

策划编辑　肖　叶　金　蓉
责任编辑　金　蓉　梁军霞
封面设计　阳　光
责任校对　张林娜
责任印制　安利平
法律顾问　宋润君

中国科学技术出版社出版
北京市海淀区中关村南大街16号　邮政编码:100081
电话:010-62173865　传真:010-62179148
http://www.kjpbooks.com.cn
科学普及出版社发行部发行
北京盛通印刷股份有限公司印刷
*
开本:700毫米×1000毫米　1/16　印张:12.75　字数:225千字
2012年8月第2版　2012年8月第1次印刷
ISBN 978-7-5046-5631-5/N·140
印数:1-3 000册　定价:39.90元

朱　兵

　　我国目前唯一一艘极地破冰船"雪龙"号的见习船长兼大副，拥有丰富的极地航海经验。自1998年登船至今，已随"雪龙"号二上北极、九下南极，与南北极结下了难解的情缘。

　　喜爱摄影，在工作之余拍摄了大量精彩的南北极风光照片。

崔　静

　　新华社国内部中央新闻采访中心记者。2008年至2010年，先后随中国第三次北极考察队和第二十六次南极考察队前往南北极采访报

道，用手中的笔和相机，记录下南北极的壮美以及中国极地考察队员的风采。

作者简介

地球的南北两极地区，自古以来一直向世人披盖着神秘的面纱，并保持着亘古蛮荒的原始状态。自公元15世纪起，一批批勇敢的探险家才开始向那白色荒漠发起冲击，探索着极地的奥秘。从20世纪50年代起，为了查清地球的两极与全球环境和气候变化之间的关系，许多国家纷纷挺进两极地区并开展各项科学考察活动。

1984年11月20日，中国首次派出国家南极考察队，乘坐"向阳红10"号和"J121"号考察船于12月26日首次抵达南极洲，于1985年2月20日在西南极南设得兰群岛的乔治王岛上建成了中国第一个南极考察基地——中国南极长城站，从此开启了中国极地科学探秘的远征。

如今，中国已经在北极建立了一个科学考察站——中国北极黄河站，在南极建立了三个考察站，包括首个南极内陆考察站——中国南极昆仑站，谱写着中国极地考察事业的辉煌篇章。在此期间，中国极地考察船也进行着新旧更替，由"向阳红10"号和"J121"号、"极地"号到如今的"雪龙"船，为极地科考不间断地提供着基础保障。

非常有幸，自1998年登上"雪龙"船以来，我已经跟随她二上北极、九下南极，亲眼目睹了南北极环境的变化，亲身经历了中国极地考察事业的诸多变迁，内心常常满怀感慨。2008年中国第三次北极科学考察期间，我有幸结识了新华社记者崔静，她鼓励我将这十余年间奔波于极地的所见所闻以及亲身经历的趣闻轶事整理出来，让更多的人认识南北极、了解我国的极地考察事业。说实话，起初我有很强的畏难情绪。十几年的海上漂泊，让南北极如同"雪龙"船一样，已经成为我生命的一部分，我对她们充满感情，却往往不知如何用言语表达。

从北极归来后不到一个月，2008年10月，我又踏上了奔赴南极的征程。其间，我经历了中国南极考察史上可谓最艰难的一次破冰之旅，又亲眼目睹了一场令人魂飞魄散的"冰海沉车"事件。南极，用她独特的方式不断提醒着我们——这里，依然是一个充满艰险与未知的地方。然而，就是在这样一个充满艰险与未知的所在，中国南极考察队克服重重困难，将昆仑站矗立于高寒缺氧、被视为"人类不可接近之极"的南极"冰盖之巅"，令我不禁想到，除了欢欣鼓舞和以更高的热情投入到极地工作中外，我还能做些什么呢？也许只有将这些经过原原本本地记录下来，才能表达我对这段历史的尊重和对一代又一代极地考察人的敬意。

由此，本书分为北极篇和南极篇两部分，分别由崔静和我执笔。此书记录了"雪龙"船在一年间执行中国第三次北极科学考察和第二十五次南极科学考察的实事点滴，穿插以往中外极地考察史上的重大事件及极地科普知识，并配以大量的第一手精美图片。希望读者在欣赏壮美的南北极景色和美丽而可爱的极地动物的同时，也能了解中国极地人为了探索极地科学奥秘而在极端特殊的自然环境下所付出的非凡努力。正是因为有了这些不畏艰险、不怕牺牲的中国极地人，中国的极地考察事业才会蓬勃发展、薪火相传。

　　为了提高本书的科普性，我们还在书中引用了一些常识性知识，谨向给我们带来启发的考察队员及科研工作者们致以诚挚的谢意。由于水平有限，书中难免有不妥之处，欢迎各位读者不吝指正。

朱　兵
2010年3月
随"雪龙"船在中国第二十六次南极考察途中

目 录

北极篇

去之前，这是一个不可企及的梦；
去之后，这是一个不愿醒来的梦……

——崔静

向北，再向北

梦中的远航

身体怎么样？

好多了。

你去北极怎么样？

北极？！

嗯。

什么时候？

七八月份。

……好……

北极的色彩

　　这是2008年5月21日清晨，半梦半醒时与领导的电话对白，简短而明了。此时，距我从四川地震灾区抗震救灾报道现场返回北京仅有十六七个小时。

　　总算在平稳的大地上踏踏实实睡了个安稳觉，已经近十天没有睡好觉了。不过，这一天我还是梦到了地震，隐约中又发生余震了，床在晃……梦着梦着，领导的电话把我晃醒了，却又似乎把我抛进了另一个梦中。

　　北极，那会是一个什么样的世界呀……

　　一切都来得太过突然，以前做梦都没想到过的事，马上竟要变成现实了，我的心在兴奋之余，更多的是忐忑——少不经事的我能完成这次如此重要的报道任务吗？一路上万一出了意外该怎么办？科考队会不会遇到北极熊呢？我并不太有创意的脑袋那段时间忽然空前活跃起来，常常浮想联翩。直到那一天——7月10日下午13时，肩背一个50升的越野旅行包，手拖一个鼓得快要撑破的行李箱，我登上久负盛名的"雪龙"号极地破冰船。

站在船头像远方眺望，心情竟倏地一下平静了。

我的北极梦，终于要启航了……

图组：海上"蛟龙"

"国际极地年"："雪龙"船在"极地热"中起航

2008年7月7日，"雪龙"船静静停靠在上海外高桥中国极地考察专用码头，准备7月11日启程奔赴北极

按计划，科考队2008年7月11日从上海港出发，经日本海进入白令海，考察白令海、白令海峡、楚科奇海、楚科奇海台、加拿大海盆等海区，于9月25日返回上海。历时75天，行程达1万多海里。

7月11日，上海市民欢送中国第三次北极科考队启程

此次北极科考适逢第四个"国际极地年"。"国际极地年"是全球科学家共同策划、联合开展的大规模极地科考活动，被誉为"国际极地科考的奥运会"。

航行中的"雪龙"船

此前，科学家们已联合组织过三次"国际极地年"活动。1882年的第一个"国际极地年"开创了国际科学界大协作的先例；1932年的第二个"国际极地年"在南北两极建立了常年观测站和内陆考察站；1957年的第三个"国际

"国际极地年"计划

由国际科学联合会理事会（ICSU）和世界气象组织（WMO）共同发起，世界极地考察国家在2007~2008年开展了第四次"国际极地年"，来自100多个国家和国际科学组织的5万多名科学家参加了这一庞大的科学行动计划。

由于历史原因，我国错过了1882~1883年、1932~1933年、1957~1958年三次国际极地年活动。在2007~2008年第四次国际极地年活动中，我国在执行极地考察年度计划的基础上，组织实施了南极PANDA（熊猫）计划科学考察、北冰洋科学考察、国际合作、数据共享与公众宣传等四个专项计划。其中，我国提出的PANDA（熊猫）计划被确定为国际极地年核心研究计划。

PANDA（熊猫）计划通过在东南极的"普里兹湾—埃默里冰架—冰穹A"这条包含海洋、冰架、裸岩、冰盖、大气和近地空间等多元的考察断面，建立综合观测系统，开展各圈层相互作用关键过程的调查与监测，获取重要的冰芯、海洋、地质、环境等样品、样本和数据，将现代过程研究与历史演化相结合，研究南极地区关键过程与全球变化的关联，预测未来变化。

北极是全球变化最敏感的地区之一，由于全球变暖，北冰洋在最近几十年发生了明显的变化，对全球气候产生了重要影响。我国开展的"北冰洋科学考察计划"将在北冰洋中心区以及北极太平洋扇区等关键海区，依托"雪龙"船，组织开展2008和2009两个夏季航次的多国联合考察，并参加其他国家的航次考察，系统观测海洋、海冰和大气变化，研究北极海洋和海冰快速变化及对我国与全球气候系统的影响。

极地年"促成了《南极条约》的签订。每个"极地年"都是科学领域的一次国际间大合作，极大地促进了极地科学的发展。

第三次北极科考就是中国在"国际极地年"期间的重点考察计划之一，也是中国对"国际极地年"的重要贡献之一。

作为全球气候变化的"驱动器"之一，北极地区海冰、洋流和气团的变动直接影响到全球的大气环流、大洋环流和气候变异。2008年6月，美国国家冰雪数据研究中心的马克·塞雷兹博士经过研究发现，当年夏季北极冰面有高达50%的可能完全消融，届时北极可能将经历首个有记录以来的短暂无冰期。

"雪龙"船头

此论一出，全球哗然。北极无冰会给全球变暖带来多大影响？这成了盘旋在不少人心中的疑问。回想2008年初发生在中国南方的冰冻雨雪灾害，造成南方的交通瘫痪、人民生活陷入困境，科学家们说，这些都与北极气候变化有着千丝万缕的联系。

这使得中国第三次北极科考的使命——研究北极气候变化对中国气候变化的影响，并对北冰洋独特的生物资源和基因资源、北极地质和地球物理等开展研究，显得格外意义重大。

与此同时，人们并没有忘记中国此次北极科考的国际背景。近年来，随着北极地区的战略地位日益凸显，围绕着北极的资源和领土，国际上掀起了一场"北极争夺战"。

首先，北极地区所蕴藏的巨大资源使相关国家"趋之若鹜"。有关研究表明，北冰洋海底蕴藏着丰富的石油和天然气资源，其储量可能占到世界总储量的25%。而

北冰洋

北冰洋四周由欧洲、亚洲和北美洲所环抱，是一个近于封闭的海洋。通过白令海峡与太平洋相通，通过挪威海和格陵兰海与大西洋相通。北冰洋面积约1 475万平方千米，约占世界海洋面积的4.1%。平均水深约1 225米，最大水深5 449米（位于南森海盆），是世界四大洋中面积最小、平均水深最浅的海洋。

北极地图

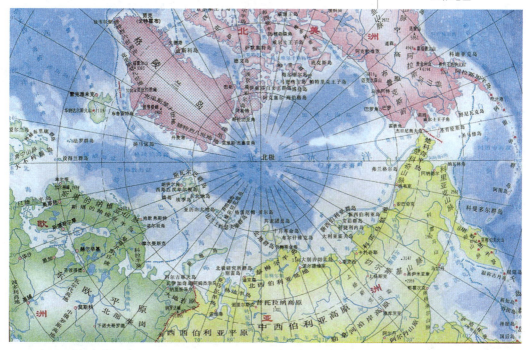

且，北极煤炭资源储量巨大，估计占世界煤炭资源总量的
9%。此外，北极还有大量的铜—镍—钚复合矿和金、金
刚石、铀等矿藏以及丰富的渔业和动植物资源。随着经济
全球化、国际资源日益减少，北极资源归属将具有重大战
略影响。

随着北极冰层因全球变暖快速融化，冰雪消融使得新
的航道出现，从而令获取北极储量巨大的碳氢化合物变得
更为容易，这正在从根本上改变该地区的地缘战略态势，
使北极成为新的国际战略角力热点。

与此同时还应注意到的是，北极地区在军事上具有重
要的战略意义。目前，俄、美等世界主要军事强国都位于
北半球，北极圈与这些国家有着大致相同的最短距离，北
极的厚厚冰层是战略核潜艇最好的隐藏场所，因此这里是
地球上最理想的水下弹道导弹发射阵地。"谁拥有北极，
谁就掌握了战略主动。"这已经成为北冰洋沿岸国家的共
识，这就使得对北极的争夺战愈发激烈。

事实上，对北极领土的争夺由来已久。20世纪50年代
初，加拿大便率先宣布对北极享有领土主权，并一直加强在
该地区的军事力量，而环北冰洋的美国、丹麦、俄罗斯、挪
威等国也都没有放弃对该地区拥有领土主权的要求。

近几年，随着北极战略地位的日趋显现，这种争夺更
趋白热化。2007年8月2日，俄罗斯科考队员乘深海潜水器
从北极点下潜至4 000多米深的北冰洋洋底，并在洋底插上
了一面钛合金制造的俄罗斯国旗，打响了新一轮北极"主
权争夺战"。随后，美国、丹麦等相继行动——8月6日，
美国"希利"号重型破冰船拔锚启航，从位于美国西北部
的西雅图驶往北极海域进行科考活动；8月8日，加拿大总
理哈珀前往北极地区，亲自为加拿大争夺北极地区的努力

造势；8月12日，丹麦一支科考队启程前往北极进行科学考察，以证明2 000多千米长的罗蒙诺索夫海岭为丹麦所属格陵兰大陆架的延伸，从而宣称对这一地区拥有主权。此外，冰岛、挪威、瑞典、芬兰等其他北冰洋沿岸国家也纷纷表示要维护其在北极地区的权益。

这场纷争甚至有可能由军事实力来决定结果。2008年5月，美国在阿拉斯加举行代号为"北方边陲—2008"的大规模联合演习，而这仅仅是五角大楼正在实施的一系列旨在确保其在北极地区作战计划的一部分。俄军作战训练总局局长沙马诺夫也透露，俄国防部已着手制订北极作战部队训练计划，俄罗斯军人准备捍卫对这一地区的主权。2008年3月，欧盟的一份报告特别强调，未来几十年可能因争夺北极控制权而爆发"重大冲突"。

在这样的国际局势下，中国第三次北极科考备受瞩目。临行前，我曾特意找到中国极地研究中心党委书记吴金友，直问中国第三次北极科考有无资源争夺方面的

航海图与航海日志是指引和记录"雪龙"船航行的重要工具

战略考量。他给我的答案简单而明确：这次科考主要围绕气候环境、生物资源、地质地理等进行，没有油气资源考察项目。

但他同时告诉我，了解北极冰情对于认识北极至关重要。一旦北极冰川融化，将在地球上出现一条连接太平洋与大西洋的"西北航道"，这将成为连接亚洲和欧洲之间最短的海上通道，大大降低航运成本，对我国有重要意义。

他说，随着全球气候变暖导致北极海冰加速消融，加上中国科考能力的提升，预计中国第三次北极科考将有望突破第二次科考到达的最北纬度——北纬80°，前进到北纬82°～85°之间，这将为人类探寻"西北航道"作出重要贡献。

"西北航道"，这个当时对我而言极为陌生的词汇，在此后的70多天航程中，我又无数次地从船长王建忠的口中听到。尽管他已往返南北极十余次，但以船长的身份出征，第三次北极科考对王建忠而言可以算是"处女航"。从上船的第一天，他就告诉我，这个航次，他是带着课题来的，而这个课题就是——"西北航道"及其对中国的价值。

西北航道

西北航道指绕过北美洲大陆北部的北冰洋进入太平洋的航道。从15世纪末开始，先后有英国、丹麦、挪威和美国等国的极地探险家相继为寻找西北航线进行探险活动。

征服"西北航道"的百年梦想

"西北航道"是指从加拿大东北部戴维斯海峡开始，沿加北部海岸到美国阿拉斯加州的一条航道，也有一种说法是指格陵兰岛经加拿大北部北极群岛到阿拉斯加北岸的航道，这是大西洋和太平洋之间最短的航道。一旦西北航道能够进行商业通航，由此带来的经济效益将是巨大的。数百年来，征服西北航道一直是西方航海家的梦想，但由

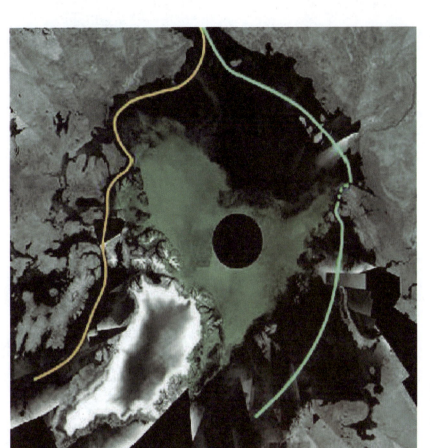

这张卫星图中的黄线为"西北航道"，从图中看，"西北航道"已经解冻

于这条航道位于北极圈内，因此大部分时间它都处于封冻状态，无法为人类开发利用。然而，今天，全球日益变暖却为这条航道的通航带来了曙光。

过去，由于气候条件的限制，西北航道的利用价值并没有被最大限度地开发。随着全球气候变暖和冰层加速融化，穿过北冰洋、打通大西洋和太平洋的西北航道所具有的价值愈发凸显，从欧洲开往亚洲的船只将不必远走巴拿马运河，而可以沿北冰洋海岸，穿越白令海峡，抵达亚洲。目前亚洲至欧洲的远洋航线大约为2万千米，如果西北海洋航道真的实现全面开放，得以使远洋货轮畅通行驶，则亚洲至欧洲远洋海运航程至少可以缩短到12 600千米，

格陵兰岛

格陵兰岛是地球上最大的岛屿，其面积达220万平方千米。90%的面积常年被冰雪覆盖，形成了格陵兰冰盖，这是世界上最大的冰盖之一，该冰盖的平均厚度达2 300米，与南极冰盖的平均厚度2 400米相似。格陵兰岛上的冰雪总

量约为 300 万立方千米，约占全球总冰量的 5.4%，冻结的水量约等于世界冰盖冻结总水量的 10%。如果格陵兰冰盖的冰量全部融化，全球海平面将上升约 7.5 米。

整整少走 7 000 多千米，其隐藏的巨大经济利益可想而知。届时，巴拿马和苏伊士运河再无用武之地，世界贸易重心将再次改变。

西北航道的开通对我国也具有重要的价值。我国地处西北太平洋，北极的自然变化过程以及受全球变暖而产生的变化，深刻影响着我国的未来海上运输，尤其是对我国与北美洲、欧洲国家的海上运输影响巨大。一旦西北航道开通，将大大降低我国与北美、欧洲国家之间的海上运输成本，也会对我国工业中心的重新布局产生重大影响，北方沿海城市将迎来更大的发展机会。

"雪龙"船在冰区航行

不过，对北冰洋贸易航线的开通目前还仅仅是预测而已，有专家预测，到2040年，北冰洋航道每逢夏季大约有半个月的时间可以通航船舶，如果是普通货轮，还需要破冰船开道；而每到冬季，北冰洋航道仍然会被厚厚的冰层封闭。

尽管如此，来自俄罗斯、美国、英国、加拿大等国的航海、气象和地质专家正蜂拥而至，到北极地区考察能源、港口、航道和环保等项目，为大规模开发迟早要到来的北冰洋国际贸易航线做好充分准备。

事实上，我国在1999年和2003年分别进行第一次和第二次北极考察时，"雪龙"船分别到达的最高纬度——北纬76°和82°，就已经充分显示出北极冰融的程度以及西北航线开通的可能。

在专家们看来，西北航线开通的这一天已经离我们不远了，最乐观的估计是在2020年以后，到那时，西北航路海面上的冰块将减少到商船基本可以安全航运的程度，而到2050年，冰块基本消除的西北航道，则可以让商船更加放心地航运了。

"谁控制了北冰洋，谁就可以控制未来新的世界经济走廊，从而谋求更大的经济利益和全球经济主导权。"当70多天后从北极归来时，我对这一判断更加深信不疑。

中国与北极

通常而言，我们所说的北极并不是地面上的一个点，而是北纬66°33′，也就是北极圈以北的一片广阔区域，也叫做北极地区。北极地区包括极区北冰洋、边缘陆地海岸带及岛屿、北极苔原和最外侧的泰加林带。如果以北极圈作为北极的边界，北极地区的总面积是2 100万平方千

北极地区

北极地区通常是指北纬66°33′以北的区域，包括北冰洋的绝大部分水域、格陵兰岛、冰岛等岛屿以及欧亚大陆、北美大陆的北部地区，总面积约2 100万平方千米。此前，我国在1999年和2003年对北极开展了两次大规模综合考察，2004年在挪威斯匹次卑尔根群岛的新奥尔松建成我国首个北极科学考察站——中国北极黄河站。

北极苔原

北极苔原是指北极地区北冰洋与泰加林带之间的永久冻土地和沼泽地带，是北极地区典型的陆地或湿地，其显著特点是有广阔的永久冻土地、众多的湖泊和沼泽地。北极苔原也是地球上一处既荒凉又富饶、气候和生态环境十分特别的地带，总面积约1 300万平方千米，大部分在北极圈内。

米，其中陆地部分占800万平方千米。也有一些科学家以7月份平均10℃等温线（海洋以5℃等温线）作为北极地区的南界，这样，北极地区的总面积就扩大为2 700万平方千米，其中陆地面积约1 200万平方千米。但是，绝大多数的地质学家界定北极地区为"林线"以北的地区。在这里，看不见北方森林的开阔景象，极目所及尽是地衣、草类和被冰原覆盖的岩石，而穿越过植物稀少的苔原带后，即是荒寂的冰野，这片由苔原与万年冰雪所构成的北极地区，面积为欧洲大陆的2.5倍，北美、欧洲、亚洲、格陵兰的最北部皆涵盖在此范围之内。而如果以植物种类的分布来划定北极，把全部泰加林带归入北极范围，北极地区的面积

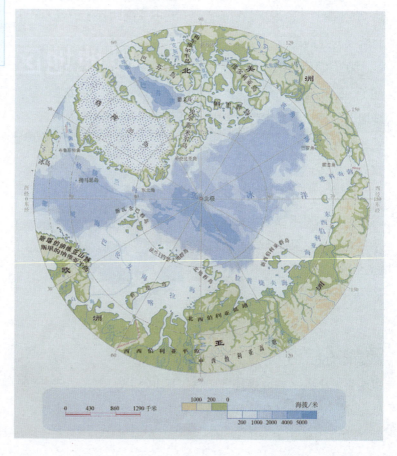

北极地区地图

就将超过4 000万平方千米。北极地区究竟以何为界，环北极国家的标准也不统一，不过一般人习惯于从地理学角度出发，将北极圈作为北极地区的界线。

尽管都位于地球的一端，但北极与南极完全不同。南极是一块被大洋包围着的由山脉和湖泊组成的大陆，而北极地区实际上是一个被分散的岛屿和陆地环绕的结冰大洋——北冰洋，这些环绕在北冰洋周围的陆地，约有30%的土地长年封埋于冰下，其余则是不毛的苔原——一处广袤无垠的永冻层地带。

北极地区属于不折不扣的冰雪世界，但由于洋流的运动，北冰洋表面的海冰总在不停地漂移、裂解与融化，因而不可能像南极大陆那样经历数百万年积累起数千米厚的冰雪。所以，北极地区的冰雪总量只接近于南极的1/10，大部分集中在格陵兰岛的大陆性冰盖中，而北冰洋海冰、其他岛屿及周边陆地的永久性冰雪量仅占很小部分。

北冰洋表面的绝大部分终年被海冰覆盖，是地球上唯一的白色海洋。北冰洋海冰平均厚3米，冬季覆盖海洋总面积的73%，约有1 000万~1 100万平方千米；夏季覆盖53%，约有750万~800万平方千米。但随着全球气候变暖，2007年夏季，海冰已缩减至300万平方千米。

尽管北冰洋的大部分洋面被冰雪覆盖，但冰下的海水也像全球其他大洋的海水一样在永不停息地按照一定规律流动着。在北冰洋表层环流中起主要作用的是两支海流：一支是大西洋洋流的支流——西斯匹次卑尔根海流，这支高盐度的暖流从格陵兰以东进入北冰洋，沿陆架边缘作逆时针运动；另一支是从楚科奇海进来，流经北极点后又从格陵兰海流出，并注入大西洋的越极洋流（东格陵兰底层冷水流）。它们共同控制了北冰洋的海洋水文基本

泰加林带

　　泰加林带是指从北极苔原地南界的林带开始，向南延伸1 000多千米宽的北方针叶林带，几乎占据了美国阿拉斯加和加拿大北方领土面积的1/2以上，而且斯堪的纳维亚半岛及俄罗斯北方领土也在其中，面积为1 200多万平方千米，占全球森林面积的1/3还多，是世界上最大的也是独具北极寒区生态环境的类型林带。

图组：北冰洋的天空

特征，如水团分布、北冰洋与外海的水交换等。此外，挪威暖流和北角暖流的作用也不可忽视。这些北冰洋洋流对于北极及周边地区的气候特征及生态环境产生了巨大影响。按自然地理特点，北冰洋可以分为北极海域和北欧海域。格陵兰海、挪威海、巴伦支海和白海属于北欧海域，其余的为北极海域。北极海域是北冰洋的主体部分，包括喀拉海、拉普捷夫海、东西伯利亚海、楚科奇海、波弗特海及加拿大北极群岛各海峡。

相比而言，北极的气候较南极更为温和，这是因为北极的中央不是陆地，而是大洋。北冰洋的冬季从11月起直到次年4月，长达6个月。1月份的平均气温介于-40~-20℃；而最暖月8月的平均气温也只达到-8℃，在北冰洋极点附近漂流站上测到的最低气温是-59℃，由于洋流和北极反气旋的影响，北极地区最冷的地方并不在中央北冰洋。在北极的夏天，太阳往往躲在云层后方，或隐藏在团团迷雾中，难见真容。在中国第三次北极科考期间，我们在北极夏天经历的最低气温也不过-3~-2℃，还不及沈阳的冬天寒冷。

越是接近极点，极地的气象和气候特征越明显。在那里，一年的时光仿佛只有一天一夜。即使在仲夏时节，太阳也只是远远地挂在南方地平线上，发着惨淡的白光。北极地区的平均风速远不及南极，即使在冬季，北冰洋沿岸的平均风速也仅达到10米／秒。尤其是在北欧海域，由于受到北角暖流的控制，全年水面温度保持在2~12℃之间，甚至位于北纬69°的摩尔曼斯克也是著名的不冻港。但由于格陵兰岛、北美及欧亚大陆北部冬季的冷高压，北冰洋海域时常会出现猛烈的暴风雪。北极地区的降水量普遍比南极内陆高得多，一般年降水量介于100~250毫米之间，格陵兰海域则达到每年500毫米。

凌晨 1 时的北极，月亮还挂在空中，天却已蒙蒙亮了

凌晨2时30分，太阳已经喷薄欲出了

北极苔原是北冰洋海岸与泰加林之间广阔的冻土沼泽带，总面积1 300万平方千米。它的最大特点是有一层很厚的永久性冻土，厚达488米，最厚可超过600米，所以北极苔原也可与世界其他地区的高原冻土带一起通称为冻土带。

与南极大陆不同，北极的生命活动非常活跃。有900种显花植物，有成千上万的北美驯鹿、麝牛、北极兔，峰年时每公顷多达1 500只的旅鼠。北半球全部鸟类的1/6在北极繁育后代，而且至少有12种鸟类在北极越冬。灰熊、北极狐、北极狼在苔原草甸上巡游，茴鱼、北方狗鱼、灰鳟鱼、鲱鱼、胡瓜鱼、长身鳕鱼、白鱼及北极鲑鱼在河湖中嬉戏。在北冰洋广阔的水域中还有各种海豹、海象、角鲸、白鲸和北极熊。除此以外，两极最大的不同之处是北极有居民。北极地区生活着至少已有上万年历史的常住居民——爱斯基摩人、楚科奇人、雅库特人、鄂温克人和拉普人等。他们以捕鱼、狩猎和驯鹿为生。

趴在冰上"小憩"的北极熊

　　中国真正以官方形式与北极发生关系，是在1925年。那一年，当时的中国政府签署了《斯瓦尔巴德条约》，根据这一条约，签字国的公民均有权利自由出入北极圈内的斯瓦尔巴德群岛，这将中国与北极从此联系在了一起，但此后的很多年里，中国始终没有利用该条约进行过任何北极地区的科学研究和资源开发。中国人真正对北极进行科学考察是从20世纪50年代开始的。

　　1950年，加拿大多伦多大学的中国留学生高时浏进入北极地区进行科学考察，次年到达当年的北磁极，成为有史可查的第一个进入北极的中国人。1958年，新华社莫斯科分社记者李楠进入北极采访苏联的科学考察站，并成为第一个到达北极点的中国人。

　　进入20世纪80年代，出于科学考察的需要，中国先后组织了一系列大规模的北极考察研究，进入北极的中国科研人员逐年增多。

1990年，美国、前苏联、加拿大、丹麦、冰岛、挪威、瑞典和芬兰八个环北极国家发起签署一项条约，决定成立非政府的国际北极科学委员会。中国于1996年加入该组织，成为第十六个成员国。

1995年3月30日～5月11日，中国首次以民间集资方式对北极进行考察，25名科学家、记者等从加拿大进入北极地区并由冰面徒步抵达北极点，沿途进行了海洋、冰雪、大气、环境等多学科的考察。

1999 年 7～9 月，中国政府组织了对北极地区的首次大规模综合科学考察，极地考察船"雪龙"号搭载着124名考察队员首航北极，历时 71 天，航行 14 180 海里，对北极海洋、大气、生物、地质、渔业和生态环境等进行了综合考察。

洒满阳光的极地世界

中国首次北极科考作业站位示意图

2003年7月，中国政府组织了第二次北极科学考察，"雪龙"船搭载109名考察队员远征北极，破冰挺进北纬80°，全程历时74天，航行12 600海里，开展了海洋、大气、海冰等多学科的综合考察，并运用了水下机器人等高新技术，深化了对北极海洋、海冰与大气相互作用的研究。

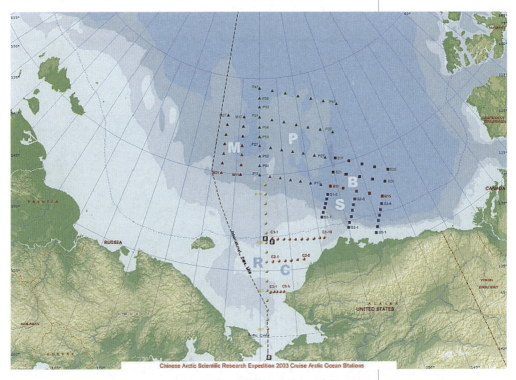

中国第二次北极科考作业站位示意图

2004年7月28日，中国首个北极科学考察站——中国北极黄河站在挪威斯匹次卑尔根群岛的新奥尔松落成并正式投入运行，从此结束了中国在北极没有科学考察站的历史。

2007年，国际科学联合会理事会和世界气象组织共同启动第四次国际极地年项目。中国决定利用国际极地年的有利契机，在2008年开展第三次北极科学考察，将中国的北极科学研究引向深入。

第三次北极科考是中国北极科考史上规模最大、耗资

加拿大海盆

　　加拿大海盆位于北冰洋的北美洲大陆一侧，深度为3 000米，最大深度大于4 000米。

　　最多的一次。此次科考以"北极快速变化及其对中国气候与环境的影响"为核心，主要针对北极海洋-海水-大气系统的耦合变化、北冰洋独特的生物资源和基因资源、北极地质和地球物理等开展研究，整个科考全部依托"雪龙"船在海上或冰区进行。

　　按计划，"雪龙"船于2008年7月11日从上海启程，经日本海进入白令海，并考察白令海、白令海峡、楚科奇海、楚科奇海台、加拿大海盆等海区，于9月25日返回上海港。

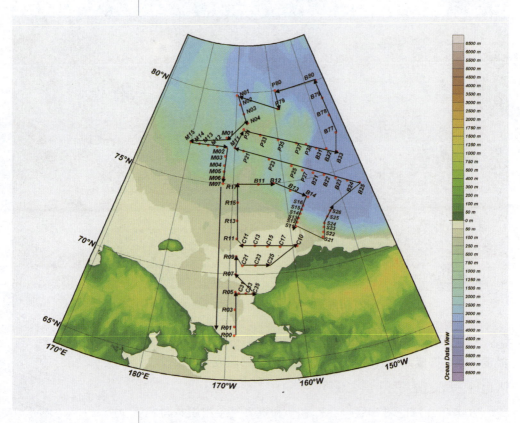

中国第三次北极科考作业站位示意图

海上"探宝"

1 罐稀泥与 24 瓶海水

自7月11日从上海港起航，"雪龙"船便始终以每小时15~16海里的速度疾行。7月19日早8时45分左右，"雪龙"船终于停下昼夜不息的脚步，在白令海平静的海域上漂泊。在这里，科考队要进行中国第三次北极科考的首次定点综合观测。海洋物理、海洋化学、海洋生物、海洋地质等各个专业小组，要在白令海盆、北白令海以及白令海峡内预先圈定的35个站位进行海水或地质取样，以了解这一海域的主要环境参数。

扑通、扑通……伴随着一件件大型科考仪器的相继入水，昔日平静的白令海突然变得热闹起来，中国第三次北极科考定点综合观测的第一"枪"就这样打响了。

科考队在白令海布放大型科考仪器——梅花采水仪

两块大陆的北方是否连接。探险队于8月份在北纬67°18′处穿过了位于西伯利亚和阿拉斯加之间的海域而进入北冰洋，从而首次证实了亚、美大陆之间并不相连。为了纪念这一重大发现，后人将他穿过的海域命名为白令海峡。

在这次考察活动中，白令还调查了海峡以南的海域，绘制了东北亚太平洋沿岸的一部分地图。1778年英国库克探险队一成员福斯特来此海域探险，提议以白令姓氏命名这一海域，但直至19世纪才正式使用白令海来代替前称的堪察加海。

白令海是太平洋的北部水域，介于亚洲和北美洲之间，北边通过白令海峡与北冰洋相连，是太平洋与北冰洋水体交换的重要纽带。因此，热衷于研究北极环境变化的中国科考队员们，将这一海域视为重点观测区，未等"雪龙"船停稳，就按照各自专业领域分头忙碌起来。

"向左，向左，停！停！"中部甲板上，来自中国海洋大学的矫玉田老师带领着八九名科考队员，小心翼翼地将定点综合观测最关键的科考仪器——梅花采水仪从实验室推上甲板，这个"身"上绑有24个采水瓶的大型仪器像张着24张大嘴的水怪，被投放到直至接近海底的位置，在被吊起至水面的过程中获取不同深度的海水及水文参数。

深海水样几乎是科考队所有专业小组进行试验的基本素材，因此确保梅花采水仪采样成功是确保科考成功的重要前提。参加过历次中国北极科学考察的物理海洋学家赵进平对操纵这个"精贵"的仪器胸有成竹。在位于甲板上方的控制室里，赵进平不时通过对讲机与甲板上的科考队员沟通情况，并指挥折臂式吊车缓缓地将梅花采水仪平稳吊起、移

附着着海水的梅花采水仪被提出水面

出甲板、投入水中、深入海底……"2 250米，停！"在梅花采水仪接近海底时，赵进平果断发出了指令。此后，梅花采水仪开始缓慢上升，并在不同深度取水。

约三小时后，装满24瓶海水的梅花采水仪像出水芙蓉般被吊车提出水面，瓶身外附着的海水噼噼啪啪地落到海面上，溅起雪白的浪花。各专业考察组的科考队员们早已拎着各种各样的瓶瓶罐罐等候在甲板上，待梅花采水仪被安全放置在船舱内，便纷纷挤上前来接打这来之不易的海水样品。

对于研究海洋化学的科研人员来说，他们要将同一断面不同层次的海水分装在90个小试验瓶中，通过分析海水的营养盐成分等，检测水体的肥沃程度。而海洋生物组则要通过过滤海水获取微型浮游生物和水体叶绿素等，研究这一海域的生态变化过程。

科考队员们争先恐后地接打海水

正是因为海水对各专业研究人员都有着如此重要的意义，每一次梅花采水仪被提上水面后，队员们都会争先恐后地接打海水。听有经验的队员说，虽然现在的梅花采水仪采水容量是老设备采水容量的八倍，但打上来的海水还是不够分,为了获取科学研究的第一手资料,科考队员们有时甚至会为了一小瓶海水吵架。

中部采水刚刚结束,"雪龙"船后甲板上又忙碌起来。海洋地质与海洋地球物理组的科考队员开始向海水中投放重力取样管,以获取海底沉积物。伴随着绞车轰隆隆地运转,一根尾部缀有数个环状铅块的3米长管钻进了海底。近两小时后,重力取样管附着着晶莹的海水露出水面。科考队员们马上围拢上来,准备看看这次取样有什么重大收获。

科考队员们齐心合力将重力取样管拉上"雪龙"船后甲板

小心翼翼地打开管口,一枚鹌鹑蛋大小的棕色砾石滚落出来。再仔细检查一下管壁,发现其他什么都没有。

除了一块小石头,重力取样管中空无一物

"费了这么大力气只捞到一块小石头呀。"围拢在这块 "宝贝"面前，大家哈哈大笑。

不过，别小看这块小石头，它也可以说明大问题。科考队首席科学家助理陈建芳介绍说，这块小石头很可能是被冰从近海搬运过来的冰积物，冬天的白令海会结冰，待夏天冰融化了，石头就落到了海底。而这次取样没有采到深海泥巴，很可能是因为海底水流过急，将海底沉积物都冲走了，重力取样管在海底只触碰到了砾石堆。

陈建芳说，打捞海底沉积物，可以从中发现微体化生物种群结构的变化，由此了解古海洋的历史，追溯几万年甚至几十万年间海洋环境的演化。再以古论今，由海洋演化历史推知海洋环境未来的变化。

尽管这一次收获不多，但两天后，7月21日，科考队终于在经过近五个小时的顽强奋战后，在位于白令海南部的白令海盆内，采集到了3 850米水深处的一根柱状海底沉积物岩芯。

采集工作从当日早8时就开始进行。科考队员们操纵绞车，将3米长的柱状重力取样管缓慢投放到水中，直至3 850米深的海底，在采集到海底沉积物岩芯后再将重力取

夹带着满满一管海底沉积物的重力取样管

样管小心翼翼地提升取回。中午12时30分左右，表面淌着泥水的重力取样管终于露出了水面。

在我看来，柱状沉积物岩芯就是一管再普通不过的泥巴，上层呈褐色，越靠近底层，越接近青灰色，用手摸起来，倒是颇为细滑。但在海洋地质与海洋地球物理观测组组长程振波眼中，这管泥巴可是"既漂亮又宝贵"。

他告诉我，这次重力取样管取到了海底以下约1.9米长的一段柱状沉积物岩芯，如果在实验室内对这一柱状岩芯进行剖面研究，可能分析出几万年来这一海域海洋环境和气候的演变。

一管泥巴就能有这么神奇的能量？这让我这个外行人颇为不解。程振波说，不同水温条件下生长着不同的微体生物，如硅藻、有孔虫、放射虫等，在实验室里提取沉积物岩芯中不同层次的微体生物，研究它们种类、数量组合的变化，可以了解古海洋环境和古气候的演化历史，从而

科研人员像抚摸着宝贝一样抚摸着这管珍贵的海底沉积物

为预测未来气候变化提供依据。

陈建芳说，白令海的海水，特别是底层海水，是世界大洋中最富有营养的海水，通过白令海峡注入北冰洋，因此，北冰洋的生态系统与白令海有密切关系。研究白令海海底沉积物岩芯，分析白令海古海洋环境和古气候的变化，对于了解北极生态系统的演变就必不可少。

奇妙的底栖生物

丰富多彩的底栖生物

如果有人问我基于"雪龙"船的北极科考项目中哪一项最有趣，我一定会毫不犹豫地说，是底栖拖网。底栖拖网就是将一张约1.5平方米大小的生丝渔网挂在30多斤重的铁架上，用绞车将它们拖放到海底，捞取以海底为栖息环境的海洋生物。

这次北极科考中，来自中国科学院海洋研究所的张光涛博士等三名研究人员是底栖拖网的主要"策划与执行者"。"雪龙"船进入北冰洋楚科奇海后，三位专家就带着他们的"武器"隆重登场了。

每一次进行底栖拖网，都要先用绞车下放采泥器，探

底栖生物

生活在江河湖海底部的动植物。一般认为，在松软沉积物构成基底的水域中，底栖生物的密度随深度的增加而减少。如大陆架上有机体的生物量要大大高于海底平原，但在深海海底中，物种的多样性比大陆架明显。

底栖生物的最大特点是居住在泥底，与水底有密切的联系。但栖所的深浅度、海域的纬度、距岸远近、受水文条件影响的程度、水底沉积物的理化性质、栖所的营养条件及共同栖息的生物群落中的成员组成，都与它们的生存发展有一定关系。

张光涛博士正在用渔网进行底栖拖网

明海底的地质,如果发现海底地质呈泥质,且水深小于300米,他们就会将渔网从"雪龙"船尾部下放至海底,随着"雪龙"船前行的轨迹在海底"扫荡"。

约半小时后,将渔网拖上船——"丰收"的时刻到了!

尽管北极地区自然环境恶劣,能够存活的鱼类种类相对较少,但北冰洋的底栖生物却丰富多彩:美丽的珊瑚、

科考队员拎着两只脸盆大小的比目鱼合不拢嘴

海　星

漂亮的海星、脸盆大小的比目鱼、怒目圆睁的螃蟹……都曾是这张渔网的"猎物"。

生物专家们将打捞上来的底栖生物进行简单分类，计算出各类生物的数量与重量，之后用化学药品对部分样品固定保存，等待回国后进行进一步的分析研究。

图组：生物专家对底栖生物简单分类

张光涛博士后来告诉我，这是中国首次在北极地区开展底栖生物调查。对大型底栖生物的调查不仅可以研究底栖食物链和水体食物链的比重和更替情况，也可以研究某些大型底栖动物作为潜在资源种类的可能性，而且，目前国际上对北极底栖生物的研究数据很少，希望中国的研究能够填补这项空白。

楚科奇海

楚科奇海是北冰洋的边缘海，位于亚洲大陆东北部楚科奇半岛和北美大陆西北部阿拉斯加之间，其西面是弗兰格尔岛，东面是波弗特海，南经白令海峡与太平洋相通，北连北冰洋。平均水深88米，56%面积的水深浅于50米，最大水深1 256米。海区位于北极圈内，气候严寒，冬季多暴风雪，海水结冰。7~10月可以通航。

生物专家正在挑选实验样本

游泳生物

海水中的生物沿食物链营养级的高低大体上可分为游泳生物（如鱼、虾等）、浮游动物（如桡足类）和浮游植物（各种藻类）三大类。浮游植物利用太阳光、水中的营养盐（如硝酸盐、磷酸盐、硅酸盐等）和二氧化碳通过光合作用不断地生长、繁殖，就像陆地上的稻田为人和动物提供了最基本的能量一样；不断繁殖产生的浮游植物为浮游动物提供了食物保障，由此维持的浮游动物又为鱼类等游泳生物提供了食物来源。

这次科考将底栖生物调查的重点区域选定在楚科奇海，是因为楚科奇海在生物资源方面具有重要战略意义。由于常年受到营养丰富的太平洋海水的影响，楚科奇海是北冰洋陆架区初级生产力较高的地区。但是，根据现有的数据，该地区的渔获量并不是很高，远小于生产力水平相近的巴伦支海。

随着全球气候变暖，楚科奇海的资源潜力却非常可观，可能超过其他北极陆架区。首先，巴伦支海的渔业资源现在已经到了过度开发的程度，而楚科奇海的商业捕捞还只有美国、加拿大和俄罗斯等国进行零星作业。其次，楚科奇海食物链较短的特点同时决定了它更容易受到全球气候变化的影响。随着海冰的逐渐退却，楚科奇海的鱼类等游泳生物数量将会增加，这将使得这一海域的生物多样性更为丰富。

在张光涛看来，我国作为非环北冰洋国家，开发利用北极资源将主要集中在公海水域，而相对于东北冰洋的陆架区，楚科奇海是我国远洋渔业最可能扩展到的地区之一，因此值得科学家进行前瞻性的战略研究。

美丽的海星

研究底栖生物种群、数量的变化也能够了解气候变暖对北极生态系统的影响。随同第三次北极科考队进行科学考察的还有十余名来自国外的科研人员，旅美中国学者崔雪花博士就是其中之一，当时，她正在美国田纳西大学攻读学位，而她的研究课题正是北白令海区域的底栖生物变化。

她在研究中发现，气候变暖已经导致北白令海区域的底栖生物数量在过去20年内大幅减少，北白令海正在由以底栖生物为主的生态系统向以浮游生物为主的生态系统转变。

崔雪花说，北白令海生态系统的变化与全球气候变暖导致海冰面积减少、水温上升有关。

白令海炫美日出

作为世界上最富饶的海区之一，北白令海曾长期是以底栖生物为主的生态系统，藻类植物是底栖生物的主要食物来源，但随着海冰消融、水温上升，藻类植物更多地被生活在海水表层的浮游动物所消耗，导致生活在海底的底栖生物量明显减少。

这种现象已经得到了数字的佐证，崔雪花说，近二十年的观测表明：21世纪初北白令海区域的底栖生物量不足上世纪80年代末90年代初的70%；在个别年份，这一比例甚至不到50%。底栖生物的大幅减少导致以它们为食的海象、海豹、灰鲸等大型哺乳动物的数量在北白令海区域也明显减少，在缺少食物来源的情况下，它们不得不向北迁移，长此以往，这些珍稀大型哺乳动物很可能面临生存困境。

海地瓜和海星

　　实际上，底栖生物只是北极海洋生物的一部分，尽管常年是一片冰封的海域，北极的海洋生物颇为丰富。2009年2月公布的一项海洋生物普查结果说，南极有7 500种生物，北极有5 500种生物，其中包括研究人员认为可能是新物种的数百种生物。这项调查也是在2007~2008年国际极地年期间进行的，调查涉及500名来自25个国家的研究人员。参加这项调查的澳大利亚南极局研究人员维多利亚·瓦德雷说："教科书上说两极的物种差异比热带小，但是我们发现，南极和北极的海域生物非常丰富。我们正在改写教科书。"

　　而这项调查最惊人的发现之一是相距1.1万千米的南北极海域生活着至少235种相同的物种，包括5种鲸、6种海鸟和近100种甲壳类动物。英国南极调查局的大卫·巴恩斯称，解释类似生物栖息地相隔如此之远的可能原因有很多种。有些动物可能是沿着连接两极的深海洋流迁徙，或者可能是在大约2万年前最近的冰河时期的顶峰，这些动物就已存在，而且两种栖息地很近。

巴恩斯说，遗传学家正在研究两者之间的核基因和线粒体基因，只有他们的工作才能确定这235种生物是否相同或者有着基因差异性。可能它们在很早前就分开了，但是相似的选择进化压力意味着它们不会改变太大。

而在另一项"北冰洋多样性计划"的调查中，科学家则揭示了气候变暖对北极海洋生物的影响。比如，他们发现在部分北极海域，小型的桡足类生物越来越多，稍大点的同类物种则越来越少，这一变化可能也与全球变暖有关。这些个别物种的变化可能会影响全球食物供应系统，因为在自然海域，大个头的桡足类生物是鲸鱼和海鸟的重要食物。

鲸鱼伴我行

与通往南极的海路常常充满狂风恶浪不同，通往北极的路往往是风平浪静的，深蓝色的海水就像绸缎一样平滑，船经过时，卷起宝蓝色的浪花。

7月22日16时左右，正漂浮在白令海上进行科考作

白令海上的鲸鱼

业的"雪龙"船甲板上忽然沸腾起来，科考队员们纷纷停下手中的工作，奔走相告："'雪龙'船被鲸鱼群围攻啦！"

最初出现在"雪龙"船船头的是三只鲸鱼，它们总是"呼"地一下钻出水面，露出灰黑色光滑的背脊，喷出一条约一米高的水柱，然后又在刹那间钻进水中，不见踪影。当人们循着鲸鱼游动的轨迹，猜想它会在哪个水域再冒出头来时，它们又会出其不意地在远远的地方仰起头来，向高空喷出一簇水柱，似乎在"取笑"我们。

三只鲸鱼刚刚围着"雪龙"船游了一圈，远远地又有鲸鱼喷着水柱游过来了。随着海面上的水柱越来越高、越来越清晰，鲸鱼也渐渐离"雪龙"船近在咫尺。不到半小时的时间里，"雪龙"船船头出现了十几次鲸鱼的身影，引得不少科考队员倚在船头大声欢呼。

为什么白令海会有这么多的鲸鱼？多次驾驶"雪龙"船奔赴北极的船长王建忠对此早已"见怪不怪"。他说，每年夏天，大鲸鱼都会从南极地区向北洄游，在美国阿拉斯加沿岸温暖多食的地方产仔，到了冬天，再带着小鲸鱼

"雪龙"船被鲸鱼群"围攻"

庞大的鲸鱼在"雪龙"船头前游过

一起游向南方。而白令海海水营养丰富，正是适于鲸鱼洄游的路线之一。

国家海洋局第一海洋研究所的陈红霞则告诉我，白令海水域鲸鱼多的另一个重要原因是白令海是世界四大上升流区之一，也是世界四大渔区之一。鲸鱼的主要食物——磷虾等小型浮游生物，通常生长在冰与水交界的极区或次极区。随着夏季来临，覆盖在极区或次极区海域上的冰不断向北消融，磷虾就会不断向北游动，这样一来，鲸鱼也就会越来越多地出现在极区或次极区海域。

地球上属于鲸目的动物有90多种，实在是一个庞大的家族。但是所谓鲸鱼，事实上并不是真正的鱼，而是一种鱼形的脊椎动物，隶属于哺乳纲、鲸目。5 000多万年以前，现代鲸的祖先离开了陆地进入了广袤无垠的大海，然后经过漫长的岁月，才逐渐演化成现在的样子，遍布于世界的海洋中。

鲸是一种温血动物，其体温总是保持在37℃左右，跟人的体温差不多。但是，海水却是凉的，特别是在北极，水温常在0℃以下。而且，水吸收热量的速度要比空气快得多，所以鲸类都有一层海绵状厚厚的皮层和皮层以下一层厚厚的脂肪作为绝缘层，以保证体内热量尽量少地散失。除此之外，由于水的阻力比空气大得多，所以鲸运动起来需要更多的能量和体力。当然，有其弊也必有其利，因为海里食物丰富而竞争者少，所以比较容易吃饱肚皮。而且，也许更重要的是，海水虽然阻力很大，但浮力也大，像鲸这样的庞然大物，长达数十米，重达100多吨，在陆地上是无论如何也生存不下去的，不用说觅食，就是活动起来也极为困难，寸步难行。因此，鲸类的祖先回到水里，实在是一种聪明的抉择。

现代的鲸，体呈高度的流线型，便于游泳，同时可减少水的阻力，因此不管风平浪静，还是狂风怒号，波浪涛涛，它们仍然神态自若，犹如闲庭信步。身体上无毛，光滑的皮肤形成滑溜的表面，同样可以减少前进时水的阻力；前肢退变为鳍足，后肢退化，尾部水平排列，这是这类海生脊椎动物的独特之处。有的种类还有背鳍（实为隆起的皮肤），作为一种平衡器官，可以防止身体的左右摆动。

鲸在游动时主要靠尾巴和尾叶的摆动而获得前进的动力，而其前鳍则主要是用于控制前进的方向和把握潜水的深度。鲸最伟大之处不仅在于它们是地球上最大的动物，而且还在于它们是一种全球性到处游荡的动物。而在这种全球性的洄游当中，两极地区是必然要去的，因为这里食物丰富，磷虾众多，可以饱餐一阵，储备足够的能量，然后就可以回到温带海洋，度几个月的假期。当然，也有一些鲸不大喜欢作长距离的旅行，只是在局部海域休养生息，例如白鲸、角鲸和格陵兰鲸就常年生活在北极地区。

鲸的另外一个特点在于其外鼻孔位于头项背部，形成喷水孔。在碧波荡漾的海洋上，经常可以看到高高的、羽花状的水柱和飞沫，犹如股股喷泉，十分壮观。正因为如此，捕鲸者往往一看到鲸喷出的水柱，马上就对鲸进行围追堵截，捕而杀之。鲸的内鼻孔开口于喉部，因此可以放心地在水中吞食食物而不致呛住。肺部有很大的伸缩性和容量，一次可吸入大量的空气，所以鲸类可以在水下待很长的时间，有些则可潜入很深的海域。

若从进食方式上来分，鲸又分为须鲸和齿鲸。须鲸上颚生有一排整齐排列着的鲸须，像个篦子，起过滤作用，当它们大口一张，水卷着鱼虾流进嘴里，然后一闭，水被排出，鱼虾却被吞下，被几吨重的大鲸舌头卷进胃里。齿鲸则生有锋利的牙齿，用来撕咬和吞食。

北极海域的鲸类只有6种，而且数量远远不如南大洋，但北冰洋中的角鲸和白鲸却是世界鲸类中最珍贵的品种。角鲸身长6米，雄性上颌向前长出一根或两根2.4~2.7米长、笔直的螺旋状的长角，类似于中世纪重装骑士的长矛。人们尚未搞清楚这长角在角鲸的生活中有什么用处，

喷水的鲸鱼

但却很清楚这种长角在市场上曾经具有与同等重量的黄金一样的价格。角鲸的命运已不言自明，目前被视为濒危动物。白鲸属海豚科，通体雪白，身长3.7~4.3米，目前已很难寻觅它们的踪影。北极最大的鲸是格陵兰鲸，其身长20~22米，体重可达150吨。

鲸的妊娠期一般为10~12个月，每胎一仔，少有双胞胎。在雌鲸生殖孔两侧有乳头一对，母鲸借助一特殊的肌肉将乳汁压成有力的水柱喷入幼鲸口中。幼仔一出生，母鲸便把它们推到水面上，以便能呼吸第一口空气。此后，幼鲸则围绕着母鲸的身旁，和母鲸一起活动。鲸类的哺育期一般为6个月，有的更长。

刚出生的小鲸一般有三四米长，重两吨左右。母鲸对它的孩子十分宠爱，遇到危险时就用自己的身躯保护小鲸，并发狂地挡住捕鲸船的攻击。北极有一种形体较小、长相奇特的鲸叫一角鲸，体长仅4~5米，重约900~1 500千克。它的体形很奇特，头上长着一个约1~2米的角。当地居民给它起了一个浑名，叫它独角兽。其实，一角鲸的"角"不是角，而是大牙，所以也有人称它一齿鲸。

海象"一家人"

8月4日下午13时，"雪龙"船右舷一侧出现数只海象，在蓝色的海水里，一团黑咕隆咚的家伙很是显眼。首席科学家张海生说，海象一般都在浅水区活动，而我们现在所处的位置——美国西海岸、楚科奇海域，大部分海域水深浅于50米，正适合海象生存。

海象，顾名思义，即海中的大象，它身体庞大，皮厚而多皱，眼小，视力欠佳，体长3~4米，体重约1 300千克，长着两枚长长的牙。与陆地上肥头大耳、长长的鼻

海象"一家人"

子、四肢粗壮的大象不同的是，它的四肢因适应水中生活已退化成鳍状，不能像大象那样步行于陆上，仅靠后鳍脚朝前弯曲以及獠牙刺入冰中的共同作用，才能在冰上匍匐前进，所以海象的学名若用中文直译便是"用牙一起步行者"，而且其鼻子短短的，看起来十分丑陋。

海象主要生活于北极海域，也可称得上北极特产动物，但它可作短途旅行。所以在太平洋，从白令海峡到楚科奇海、东西伯利亚海、拉普帕夫海；在大西洋，从格陵兰岛到巴芬岛，从冰岛和斯匹次卑尔根群岛至巴伦支海都有其踪影。由于分布广泛，不同环境条件造成了海象一定的差异。因此，生物学家们把海象又分成两个亚种，即太平洋海象和大西洋海象。它们每年5~7月北上，深秋南下。

海象的繁殖率极低，每2~3年才产一头小海象。孕期12个月左右，哺乳期为1年。刚出生的小海象体长仅1.2米左右，重约50千克，身披棕色的绒毛，以抵御严寒。在哺乳期间，母海象便用前肢抱着自己心爱的宝宝，有时就让小海象骑在背上，以确保它安全健康地生长。即使断

海象及其栖息的海冰

奶后，由于幼兽的牙尚未发育完全，不能独自获得足够的食物和抵抗来犯之敌，所以它还要和母海象待3~4年的时间。当牙长到10厘米之后，才开始走上自己谋生的道路。

海象的经济价值很高：皮可用来制革；皮下厚厚的脂肪炼油后，可用于食用和工业；肉可食，长牙可做成精美绝伦的工艺品，所以成为人类捕获的对象。起初，人们仅用长矛等较原始的工具来猎取海象，随着科学技术的进步，各种先进的猎枪相继投入使用，枪杀海象可谓弹无虚发，甚至在其繁殖场地围而歼之。所以200年来，它们的数量从50万头下降至濒于灭绝的边缘，近百年来，仅在白令海就捕获了200~300万头海象。从20世纪70年代起，由于采取了各种保护措施，才使其数量得以逐渐恢复。

守望诺姆港

三海里外的等待

　　7月28日中午11时左右，"雪龙"船左舷方向出现大面积山体，用长焦镜头拉近一看，山体上面还有零星房屋分布其间。正在驾驶台值班的二副周建文告诉我，那就是美国的诺姆港了。这是"雪龙"船起航以来我们看到的最大的一片陆地，整日在海上漂泊，对陆地的渴望是没有经历过的人难以想象的。可惜的是，因为没有办理签证，船上的所有科考队员都不能下船，只能在距诺姆港三海里外锚泊等候。不过这样也好呀，至少倚在"雪龙"船舷上，用望远镜眺望远方可以看到人家，这已经足以让人产生无限遐想了。

> **诺姆港**
>
> 　　诺姆港是美国阿拉斯加州苏厄德半岛南部白令海岸的一个很小的港口城市，人口只有两三千人。此前中国政府组织开展的两次北极科考，也都是在诺姆港外锚泊，进行船舶检修和物资补给等。

远望美国诺姆港

"雪龙"船在诺姆港3海里外抛锚

按照计划，"雪龙"船锚泊诺姆港期间，美方的事务代理会用小艇把事先购买的5台雪地摩托车运送上船。有了雪地摩托车，可以大大提高科考队员在北冰洋海冰上作业的安全性。9名来自芬兰、法国、日本的极地研究人员也将在这里登船，和我们一起前往北极科考。

不过，好像是老天有意捉弄人，本以为到了诺姆港，就意味着很快能够进入北极、进入北冰洋了，没想到我们在诺姆港遭遇强气旋，海况恶劣，美方小艇无法接近"雪龙"船，科考队原计划30日离开诺姆港向北极挺进，却不得不被迫推迟了驶离诺姆港的时间。

事实上，2008年7月29日下午14时左右，美方事务代理已经乘坐着一艘极简陋的小渔艇，乘风破浪地向"雪龙"船方向驶来了。可惜浪涌太大，那艘小船在海上漂来荡去，在"雪龙"船左舷附近绕了十几个圈，还是无法靠上来，只好原路返回。眼看着美方代理在那艘小船上向着"雪龙"船挥手再见时东摇西晃的样子，船上的队员们都替他们捏了把汗。

30日，浪涌比前一天更为严重，风力达到7级，浪高

2.5米，涌高3米，美方的小艇根本没法出海。而且这股来自极地高纬度地区的强气旋移动非常缓慢，在"雪龙"船所在的纬度每天仅移动8~10个经度，这种海况很可能在24小时之后才会有所好转。

31日凌晨，海面渐渐平静了下来。为了与好天气抢时间，美方事务代理在凌晨2时30分就派小艇来到"雪龙"船附近，运送了大批物资和4名外国科考人员；早上6时许，又有外国科考人员登船；上午10时许，又运来了一批物资，但仍有5辆雪地摩托车和部分科考设备等待运送。

图组：美方事务代理乘坐着一艘极简陋的小渔艇，乘风破浪地向"雪龙"船方向驶来

中午时分，海上又掀起了浪涌。深蓝的海面上，不时翻卷起来的白色浪花好似魔鬼露出的雪白的牙齿，让人心头一紧。下午，美方代理说浪涌太大，他们的小艇根本无法出海，何时能再运送物资只能等天气转好再说。这让队里非常着急，我们已经在诺姆港延迟了二十几个小时，再不走，进入北极后的科考时间会非常紧张。

领队袁绍宏果断决定，亲自带领"雪龙"船自带的"中山"号小艇奔赴诺姆港码头，把物资全部装运上船。经过反复协调，美方终于批准我们自带小艇登陆诺姆港码头。8月1日凌晨4时，以袁绍宏为首的五六名科考队员驾着"中山"号小艇顶风冒雨地出征了。

事后我才得知，当时的海况仍然不适合出航，但为了抢时间，袁绍宏作出了这个冒险的决定。听说几名船员当时是"连滚带爬"地登上"中山"号小艇的。一名船员刚一登上小艇，一个涌浪打来，小艇巨幅颠簸，把这名船员震倒在地，连翻了几个滚。这种情景，光是想象一下就足够揪心了。幸好，凭借着袁绍宏的沉着指挥和船员们的精诚合作，大家顺利将物资全部装运上艇。

图组：领队袁绍宏带领"中山"号小艇亲自到诺姆港转运最后一批物资

早上6时，船长王建忠用广播通知"中山"艇已经从诺姆港返回，马上靠近"雪龙"船，此时在"雪龙"船六层的驾驶室里，首席科学家张海生已经在那里等候消息了。

小艇上没有使用雷达，艇上的人只能凭肉眼判断"雪龙"船的位置，但是早上雾气太大，他们离开诺姆港的最初一段时间里完全无法辨明方向。船长通过船上雷达监测到的小艇方位，不停地与小艇通话，指引小艇向"雪龙"
船方向航行。但因为风浪太大，小艇很难修正方向，反而
向着离大船越来越远的方向行驶。

"小艇小艇，向右转 30° 。"

"小艇小艇，你们的方向偏了，还要向右转，还要向
右转 30° 。"

拿着对讲机，船长心急如焚。

"好的，再转 30° ，再转 30° 。"

"雪龙雪龙，我们看不到你们，请及时告诉我们方向。"
听得出小艇那边焦急的心情，这让驾驶台的人都为他们捏
了一把汗。

船长不停地与小艇联络，告诉他们所在的位置，说明
小艇与"雪龙"船之间的方位关系，指引小艇航行，又不
时地拿起望远镜向诺姆港方向眺望，眉头紧蹙。

焦急的船长

终于，报台里传来小艇的声音："雪龙雪龙，我们看
到你们了。"随着雾气慢慢消散，天际间一个小黑点的出
现让驾驶台上等候的人们都舒了口气。一路风雨兼程，小
艇总算平平安安地回来了。

小艇平安返回"雪龙"船

8月1日8时50分，在完成全部物资的装运任务后，"雪龙"船正式从诺姆港锚地起锚，向着北冰洋挺进。至此，我们在诺姆港整整停留了80多个小时，是原计划停留时间的两倍。三天四夜，真是一场漫长的等待。

送战友

诺姆港落日

再次停靠美国诺姆港，已经是1个多月以后的事情。9月10日凌晨，正在返航途中的"雪龙"船再次锚泊美国诺姆港，这一次，诺姆港用晴空丽日欢迎了我们。于是，在诺姆港停留的一天一夜，我们终于领略了它的美。

9月9日上午10时50分，"雪龙"船穿过北纬66°33'，驶出北极圈，至此，中国第三次北极科考队正式告别北极地区。船上的人大都归乡心切，对于告别北极这件事似乎一点也不伤感，不过说实话，看着航行记录上"雪龙"船一分一分地靠近北纬66°33'，又一分一分地远离它，我的心里还是很失落的，也许这一生再也不会有机会来到这里了。

10日凌晨，"雪龙"船再次锚泊美国诺姆港，运送外国科学家下船并进行船舶维修保养。这次船上共来了12位外国科学家，他们与我们同吃同睡同劳动，非常敬业。

科考队员在诺姆港外垂钓

特别值得一提的是来自法国的Jean Claude Gascard，他是欧盟支持的最大的一个北极科学研究项目——"发展针对北极长期环境变化的数值模式与观测能力"的总协调人，是非常知名的北极研究专家，这一次他能光临"雪龙"船，也是科考队的荣光。

外国科学家依依不舍离开"雪龙"船

这一次，Gascard带领的团队在北冰洋布放了一架水下滑翔机，这是欧盟首次在北极地区开阔海域布放水下滑翔机，以获取这一海域的重要水文参数。

流线型的水下滑翔机机翼宽2米，身长2.5米，无需螺旋桨作动力系统，完全凭借活塞原理改变自身浮力，在水面以下200米之内的区域进行自由上浮与下潜。水下滑翔机携带有海水温度—盐度—深度传感器，可以在水平方向每运动8~10千米后浮出水面，将自动记录的不同深度海水的温度与盐度数据，通过铱星通讯系统向远程控制器传输，并获取下一步移动指令。

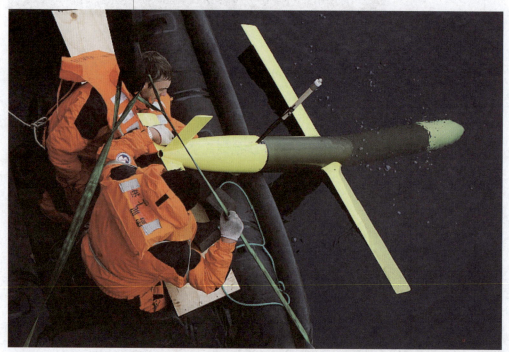

中外科学家共同在北极海域布放水下滑翔机

Gascard说，水下滑翔机是世界领先的海洋观测仪器，随着中国极地研究水平的不断提高，欧盟希望利用中国科考船布放这一仪器以及相关观测设备，加大与中国在北极科学研究上的合作。

Gascard（中）带领两名外国科学家调试水下滑翔机

　　尽管是第一次搭乘中国极地考察船，但Gascard说，对外国极地研究人员而言，中国极地破冰船"雪龙"号是一个很好的搭载平台，可以为科学家们提供良好的科研与生活环境。他认为中国应该充分发挥这艘破冰船的作用，与国际社会加强沟通与合作，使北极科考的效益最大化，从而为推动北极科学问题研究、为人类了解和认识北极贡献一份大国的力量。

　　曾于2003年参与了中国第二次北极科考的芬兰海洋研究所程斌博士也认为，随着国家投入的不断增多，与五年前相比，中国目前对北极地区的整体研究水平无论是在观测手段还是研究成果上都有了明显进步，但与国外的先进研究水平相比仍有不小的差距。事实上，国际学术界对北极科学问题所取得的一些先进经验和认识，值得中国借鉴。加大国际合作力度，有助于中国北极科学研究的快速发展与成熟。

千里寻冰

邂逅浮冰

"你好，北极！"迎着徐徐海风，几名科考队员站在位于"雪龙"船尾部的飞行甲板上，向着天空纵情呼喊。

8月2日凌晨1时58分（北京时间8月1日21时58

北极圈

北极圈即北纬66° 5′纬线圈。

这是北半球上发生极昼、极夜现象最南的界线。北极圈以北的区域，阳光斜射，正午太阳度角很小，并有半年的时间是漫长的黑夜，而另一半年则是漫长的白天，因而获得太阳热量很少，为北寒带。

北极圈是北温带和北寒带的分界线。

通常意义下，北极圈以北的区域被称为北极地区。

图组：科考队穿越北纬 66°33′，正式进入北极圈

分），"雪龙"船穿越北纬 66°33′，驶入北极圈以内地区。这标志着中国第三次北极科考队在经过 20 余天的航行后，正式进入北极地区开展科学考察活动。

2日清晨8时30分，"雪龙"船飞行甲板上彩旗飞舞，科考队员们纷纷举着五星红旗与中国第三次北极科考队队旗合影留念，每个人的脸上都洋溢着喜悦之情。

科考队员们欢呼雀跃

一只手指向北方，科考队领队袁绍宏颇为动情地说："在我们的身后是祖国的重托与亲人的期盼，在我们的前方是艰苦的工作与对科学真理的孜孜追求。从这一刻起，我们

领队袁绍宏踌躇满志

要为了完成北极考察的科学任务而奋勇拼搏！"话音未落，甲板上已是一片振臂高呼。

怀揣着科学的梦想再次走进北极，中国海洋大学教授赵进平难抑内心的激动。这位把毕生精力都奉献给北极科学研究的资深学者，参加了中国历次北极科学考察，亲眼见证了中国北极科学研究的跨越式发展。

"雪龙"船进入浮冰区

在这位"老极地"人看来，探险时代的北极属于探险家，冷战时代的北极属于政治家，而科学时代的北极属于科学家。"在北极科学研究领域，中国已经开始了后来居上的远征，中国科学家将通过自己的才华实现祖先的梦想，在北极冰原上书写属于中国的历史。"赵进平豪迈地说。

进入北冰洋后，景观果然变得不一样起来。8月3日早上6时30分，接到驾驶台的"举报"电话："前面出现浮冰啦！"我迷迷糊糊地爬起床掀开窗帘一看：嗬，星罗密布，海面上真的漂浮着好多浮冰。随着"雪龙"船不断向北

图组：北冰洋上"脏乎乎"的浮冰

航速节

节(Kn)以前是船员测船速的，每走1海里，船员就在放下的绳子上打一个节。以后就用节做船速的单位。

1节=1海里/时=(1 852/3 600)米/秒是速度单位。

1海里=1 852米是长度单位。

陆上的车辆和空中的飞机以及江河船舶，其速度计量单位多用千米/时，而海船（包括军舰）的速度单位却称做"节"。

现代海船的测速仪已非常先进，有的随时可以数字显示，"抛绳计节"早已成为历史，但"节"作为海船航速单位仍被沿用。

推进，十几分钟后，大小不一、形态各异的浮冰清晰地呈现在眼前。视野所及，湛蓝的海面上散落着的大浮冰面积可达四五十平方米，小浮冰面积约有两三平方米，在海水的雕琢下，犹如一件件晶莹剔透的水晶工艺品。不过也有些冰面脏乎乎的，让人不禁担忧是人类污染留下的痕迹。

长期从事海冰研究的大连理工大学教授李志军说，这些浮冰很可能是美国北部沿岸的固定冰在春夏季节消融后，被海流与海风挟带到楚科奇海域的，它们基本都是"年龄"较轻的当年冰，而非终年不化的多年冰。而冰面上那些看起来脏乎乎的东西很可能是泥沙或鸟粪等近岸沉积物。

为了减少海冰对船体的撞击，"雪龙"船在驶入这一浮冰区后即减速航行，从每小时行驶16海里降低为每小时航行12海里，但船体碰触到大块浮冰时，仍会发出"咯咯"的响声并略有摇摆。

不过船长王建忠说，作为中国唯一一艘极地科考破冰船，"雪龙"船能以1.5节航速连续突破1.1米的厚冰前行，目前遇到的这种浮冰基本都是"年轻"的当年冰，对"雪龙"号船体基本不会产生损伤。

在冰区中航行的
"雪龙"船

千里寻冰

初遇浮冰的欣喜维持了没有多久，船上的队员们就开始担忧起来。从8月2日凌晨1时58分"雪龙"船穿越北纬66°33′进入北极圈直至8月17日，科考队想要寻找一块厚度与硬度适宜的大面积海冰建立冰站，开展海洋、海冰、大气的联合考察作业的任务始终没法完成，唯一的原因是——找不到一块大面积的完整海冰。

17日上午，站在"雪龙"船上视野最开阔的区域——驾驶台窗前，研究海冰的李志军教授目光凝重：眼前大面积支离破碎的海冰纵横交错，延伸到天际尽头，而"雪龙"船已然驶抵北纬80°，五年前的同一时间，这里完全是一片冰封的海域，雪厚冰坚。

然而，进入北极圈以来，李志军已两次随直升机在雪龙船周围50千米海域寻找适宜海冰，都因为海冰密集度过低、融化严重而失望而归。

冰 站

冰站是指建立在坚实海冰上的科学考察站，能够建立考察站的浮冰必须满足的基本条件是：冰体为坚实稳定的多年冰，厚度一般大于3米，面积达数十或数百平方千米。一个冰站一般可持续工作2～3年，个别冰基厚度特别结实的冰站，可连续工作5～6年甚至更长。

直升机准备起飞寻找合适浮冰建立冰站

8月14日，"雪龙"船获得的卫星云图显示，北纬76°36′、西经160°26′有一块面积约78平方千米的海冰，科考队紧急部署，决定如果条件允许，就在这块海冰上建立冰站。23时15分，直升机第一次起飞。50分钟后，飞机降落在位于"雪龙"船尾的飞行平台上，李志军走下飞机，对充满期待的科考队员摇了摇头："冰太薄了。"

从直升机上俯拍的支离破碎的北极海冰

8月17日上午8时40分，"雪龙"船驶抵北纬80°海域，李志军再次随直升机出征，在"雪龙"船周围方圆50千米的海域上空盘旋一周，视野所及仍然是大面积当年冻结生成的海冰，融池与冰间湖密布其间，一些海域表面被一层刚刚凝结的薄冰覆盖，似乎用手指轻轻一碰就会破碎。

眼前的冰情让长期从事海冰研究的李志军颇感心焦。回忆1999年中国第一次北极科考时，"雪龙"船行驶至北纬70°附近即遭遇坚冰掉头南下，而2003年中国第二次北极科考时，虽然海冰厚度与硬度大幅下降，"雪龙"船也只航行至北纬80°即建立冰站。

冰间湖

海水区内的开阔水域或是薄冰区。

"正如各国科学家所预言的那样，全球变暖正在使北冰洋海冰以令人震惊的速度融化，反过来，北极海冰减少也必将对全球气候变化产生重要影响。"李志军忧心地说。

建立冰站进行海冰、物理、化学、生物等多学科的综合观测是中国第三次北极考察的一项重要使命，为了寻找到适宜作业的海冰，"雪龙"船只有越过北纬80°，继续向北挺进。

为了活跃气氛，科考队组织队员们预测"雪龙"船此次航行可能达到的最高纬度，这与冰站建立的位置密切相关。不少队员猜测此次"雪龙"船可能航行至北纬90°，也就是北极点区域。李志军对此持保留态度，也许这正反映了这位海冰专家内心的企盼：希望北冰洋海冰不要以如此快的速度消融。

8月20日清晨，"雪龙"船沿西经143°的方向行驶至北纬84°26′，终于停下了昼夜不息的脚步。为了寻找到一块密集度较高、表面平坦的大面积浮冰，"雪龙"船已在不经意间创造了中国船舶航行的最北纪录。

"雪龙"船头依然是大面积的破碎浮冰，每一平方千

在碎冰中航行的
"雪龙"船

米的水域虽然都有浮冰密布,但融化的雪水池与湛蓝的冰间湖将整片浮冰拦腰斩断,让本应完整的冰面显得散乱不堪。"雪龙"船收到的卫星云图显示,继续向北 1~2 个纬度依然是同样的冰情,但留给科考队建立长期冰站的时间已所剩不多。

20日9时35分(北京时间5时35分),首席科学家张海生决定亲自登上直升机察看冰情,为建立长期冰站进行综合科学观测争取时间。

10分钟,20分钟……10千米,20千米……

近一个小时的时间里,直升机绕着"雪龙"船在方圆50千米的范围内低速飞行,极目远眺,偌大的北冰洋像一卷恣情洋溢的书法作品,洁白的冰面是柔软的宣纸,蓝色的融池与冰间湖则是书法家的挥毫泼墨,那笔法时而柔情飘逸,时而遒劲有力。

但对坐在直升机里的6名极地研究专家而言,这卷书法作品是如此的不合时宜。为了寻找到一块1平方千米内没有融池与冰间湖的平坦海冰,他们已经多次登上直升机四处侦查,却都失望而归。而建立冰站进行海洋、海冰、大气的联合作业考察,是此次北极科考的重要使命。

破碎的海冰如人类灼伤的肌肤

坐在狭小的直升机机舱里，在500米高空俯视北冰洋海面，张海生不禁摇头叹息："北极海冰就像人类被灼伤的身体，在气候变暖的环境下如今已消融得体无完肤。"

气候变暖也明显体现在北极的温度变化上。2003年第二次北极科考时，考察队在北纬80°附近测得的最低温度是–11℃，而现在即使"雪龙"船已越过北纬84°，北冰洋的最低气温也不过–2℃。

"中国第三次北极科考队见证了北极海冰的快速消融，作为科学家，这是我们的庆幸，也让我们无比忧心。"张海生语气凝重地说。

北纬84°的北冰洋，给中国科学家留下一道揪心的难题。

直升机缓慢飞行，10时40分左右，飞机左侧忽然出现一块大面积的平坦海冰，雪白的冰面上没有出现扰人视线的冰间湖，只有几块大雪块堆成的冰脊将整个海冰自然分隔成几段。

直升机徐徐降落在冰面上，未等飞机停稳，几名科学家便迫不及待地跳下飞机，麻利地用冰钻探明浮冰厚度，又目测了整个浮冰面积——浮冰厚度在1.8米以上，浮冰中央核心区面积约0.5平方千米。"我们终于找到可

科学家们在勘察冰情

以建立冰站的海冰了！"站在这片来之不易的冰面上，平均年龄近五十岁的六名老"极地人"脸上露出了孩子般欢喜的笑容。

站在来之不易的冰面上，几名老"极地人"露出欣喜的笑容（左起分别为中国第三次北极考察队首席科学家张海生、大气组组长逯昌贵、物理海洋组组长赵进平）

"这是中国科考队首次在如此高的纬度上建立长期冰站，开展海洋、海冰、大气的多学科综合观测，这必将对探究北极海洋和海冰的快速变化成因及其对全球气候变化的影响作出重要贡献。"望着茫茫冰原，张海生语气坚定地说。

经过十余天的海上与空中勘察，中国第三次北极科考队终于在 8 月 21 日凌晨在位于北纬 84° 38′、西经 145° 17′ 的一块大面积平整海冰上建立了长期冰站，开始开展

雪地演播室

冰上多学科观测考察，这也是中国首次对北纬84°北冰洋海域进行综合科学观测。

图组：科学家们在探明冰厚

按照计划，科考队将在冰站上连续开展7~8天的海洋 – 海冰 – 大气相互作用综合观测，进行海冰和冰下物理、化学与生物调查，并布放浮标等观测设备。同时，将利用小艇在海冰边缘和冰间水道开展海洋 – 海冰 – 大气和水文学观测，并利用直升飞机开展海冰航空遥感、冰芯采集和浮标布放等工作。

图组：日光中的长期冰站

冰上作业

北冰洋表面的绝大部分终年被海冰覆盖，是地球上唯一的白色海洋。因此，北极科考自然绕不开冰上作业区域，极地科学工作者将在北极冰面上的作业称为冰站。中国第三次北极科考期间，一共进行了1个长期冰站与8个短期冰站观测。短期冰站的考察项目相对简单，作业时间通常不过几个小时，而长期冰站的考察项目较为丰富，工作时间可达7~8天。

8月18日早上10时，雪龙船抵达北纬82°，从此以后，雪龙船的每一个脚步都在创造新的纪录。驾驶室里的航海日志上有科考队最好的行踪记录：

10：25，直升机起飞察看冰情；

11：39，直升机降落后甲板，没有找到合适的海冰作长期冰站；

12：30，24名队员登上"黄河"艇，准备到距雪龙船1.5海里处的一块海冰上进行首次冰上作业；

12：52，直升机起飞载宣传组绕"雪龙"船航拍；北

图组：科考队员们在冰站上采集样片、观测数据

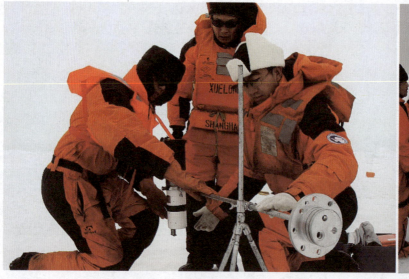

纬 81° 58′ 后甲板开始作业；

13：07，小艇离船前往冰站；

13：19，直升机载宣传组返回"雪龙"船；

13：48，小艇上冰站，冰站位置：北纬 81° 57′，西经 147°

15：55，"雪龙"船动车接小艇；

16：30，小艇队员上船；

16：45，北纬 81° 56′，西经 147°，"雪龙"船启航前往北纬 83°。

从航海日志就可以看出这是极其忙碌的一天，本来队里安排上午就派队员到冰上作业，但因为"中山"艇没有预热，动力不足，本已从"雪龙"船的底舱吊出，又被吊了回去，换出"黄河"艇，耽误了几个小时的时间，直到中午吃完饭才准备完毕。

这是中国首次在北纬82° 开展多学科综合冰上作业，尽管航拍机会难得，我还是向领队袁绍宏申请跟随小艇到首个短期冰站了解科考队员如何进行冰上作业。与坐飞机相比，上冰相对危险一些，可能掉进冰缝、可能遇到北极熊……但正因为面临这些危险，我才更要去。领队犹豫了一下，还是同意了。

尽管室外温度算不上低，大概可以达到–1℃，但因为风大，人在冰上的热量消耗很快，即使身穿连体服，戴着棉帽和手套，脚蹬雨靴，但在雪地里站上一个多小时，还是冻得

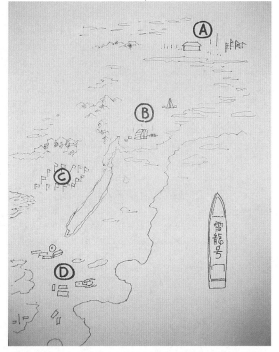

一名考察队员手绘的中国第三次北极考察长期冰站示意图

发抖。不过科考队员们干得热火朝天，似乎早就将寒冷抛在脑后了。

长期冰站主要针对北极海洋、海冰、大气的相互作用机理进行多学科综合观测。老极地人将这种场面归纳为"三军并进"——开展气象观测的队员是"空军"，研究冰雪的队员是"陆军"，观测海洋的队员则是"海军"。在一块大面积浮冰上，"三军"各有领地，各自作战，互不干扰。

全自动气象观测站是"空军"的核心"武器"，可以长期连续记录气温、气压、温度和湿度数据。队员们会在观测站附近每6小时施放一次探空气球，探测地面至15 000米高空区间内不同高度的温度、风向与风速变化，了解这一区域的气象变化过程。

尽管北冰洋的大部分洋面被冰雪覆盖，但冰下的海水

图组："雪龙"船继续向北航行

也像全球其他大洋的海水一样在永不停息地按照一定规律流动着，海水的环流控制着北冰洋的水团分布、水体交换等海洋水文基本特征。北冰洋的海冰厚度平均只有3米，在冰面上打几个孔，"海军"就可以进行海洋观测了。他们把全自动的仪器放入水中，就可以连续观测到一段时间内冰下100多米的海流流速剖面，还可以利用温度－盐度－深度探测仪观测水下的温度和盐度剖面。

与"空军"和"海军"多为集体"作战"不同，"陆军"多为分散作业。从事冰川学研究的人员热衷于打冰芯，用特殊的冰钻将冰层打透，取出长条形的圆柱冰芯。搞海冰热结构的研究人员在冰孔中放置温度计，研究不同深度的冰温。研究雪的人则到处取样，测量雪的厚度与温度。研究海冰生物的人也会钻取冰芯，重点研究冰层底部与海水交界处的黑乎乎的冰藻。

挺进北纬87°

8月29日傍晚，经过9天在长期冰站附近的停泊漂流，"雪龙"船再次起航继续向北挺进。由于前方冰情较重，"雪龙"船始终在十成冰区破冰航行，前进缓慢。30日中午12时45分（北京时间30日上午8时45分），"雪龙"号沿西经147°方向抵达北纬85°25′的北冰洋海域，创造了中国航海史的新纪录。

为了给回航期间的考察作业预留充足的时间，科考队决定停止前行，自北纬85°25′掉头南下。这是中国船舶目前到达的最高纬度纪录，此前，这一纪录由"雪龙"船于2003年在执行中国第二次北极科考时获得，当时是"雪龙"船首次抵达北纬80°15′的北冰洋海域进行科考作业。

而在"雪龙"船向北挺进的同时，30日上午，由首席科学家张海生带领的10人小组乘坐直升机，飞抵位于北纬87°01′、西经147°27′的一块大面积浮冰上，这是中国政府组织的科考队有史以来到达的最北纬度，也是中国科考史上最北位置的一次考察作业。

直升机飞抵北纬87°

　　由于北冰洋上空雾气弥漫，直升机在经过近70分钟89千米的低空飞行后，在30日上午11时28分降落在一块平坦的白色浮冰上。尽管这块浮冰位于十成冰区，站在冰面上，视野所及的整个海域几乎全部被白茫茫的浮冰覆盖，但由于全球气候变暖，从高空俯视，融池与冰间湖在北纬87°的这一海域依然纵横交错。直升机一路航拍，为科考队员研究北极冰情提供了科学依据。

科考队员在北纬87°合影留念。左起分别为辛欣、戈晓威、苏涛、张海生、杨永昌、王勇、于建

　　首席科学家张海生、领队兼首席科学家助理王勇、党办主任于建、机组工作人员杨永昌、中国海洋报记者苏涛和中央电视台的两位记者辛欣与戈晓威手持国旗与队旗合影。由于直升机必须处于随时待命的状态，两位飞行员留在了飞机上。

　　对于此次科考队取得的成绩，张海生颇感欣慰，他说中国科考队此次能够进入如此高纬度海域进行考察作业，充分显示了中国极地考察能力的提高。与此同时，全球气候变暖导致北极海冰大面积消融，也为中国科学家顺利进入这一纬度，更加全面、系统、深入地了解北极地区的环境状况提供了机会。

在北纬 87°
留影

张海生说，中国科考队自7月11日从上海出发后，对白令海和北冰洋进行了海洋学、海冰学、大气科学等相关学科的综合考察，获得了大量珍贵的观测数据和科考样品，取得了初步的研究成果，如发现了北极地区部分海域盐度降低、环流变异、大气环流波动等现象。中国科学家将围绕这些数据和样品展开进一步的研究，对全球气候变化的影响及北极对全球气候变化的反馈作出更为深入的解答。

回到"雪龙"船已是下午13时10分，机长说我们来回共飞行了178千米。坦白地说，在我眼里，北纬87°与北纬85°的北冰洋没什么差别。在北纬87°，虽然会偶尔出现一两块大面积的冰盘，但融池与冰间湖依然众多，而且有的冰间湖面积很大，像一个大水塘。回到"雪龙"船上向来自欧盟的Gascard说起我的感受，他表示赞同。他说北纬85°以北一直到北极点，不同纬度的自然状态基本无异，只是在加拿大盆地一侧和在格陵兰一侧的海冰状态略有不同，不过只有专业人士才可以辨别出这种差别。

斗智斗勇北极熊

温顺的猛兽

　　与前两次北极考察相比，中国第三次北极科考创造了多项记录。其中一项纪录就是这一次是遇到北极熊最多的一次考察。进入北极圈后不久，8月4日，在下午遇到大批海象后，傍晚20时30分左右，我们又与北极熊不期而遇。

　　"雪龙"船行至北纬71°附近，右舷几百米外一只硕大的北极熊正在闲庭信步，那悠然的姿态让人不得不感叹这一"北极王者"的气度。

　　北极熊是当今陆地上最大的猛兽之一，除了分布在北冰洋及其附近岛屿外，在亚洲、美洲大陆与之相邻的海岸边也能够觅到它们的踪迹。我们见到这只北极熊的地方应该就是美国西海岸。

　　由于船行的路线距北极熊约有几百米，我们只能通过望远镜或长焦镜头才能一窥这只北极熊的真容，大家都感

图组：冰上闲庭漫步的北极熊

到很不过瘾。但不久后的一天，我们近看北极熊的愿望得到了极大的满足。

8月17日早上8时20分，"雪龙"船上的广播意外响起："右舷发现一只小北极熊，右舷发现一只小北极熊！"

图组：北极熊在"雪龙"船舷周围逗留

不少正在二层餐厅吃饭的队员扔下饭碗就冲出舱外，边跑边喊："哪儿呢？哪儿呢？"没想到，跑出舱外一看，右舷甲板上已经聚集了几名科考队员，大家都在东张西望，可惜连一只熊的脚印也没有看到。

失望之余，大家回到船舱，发现又有不少人向左舷甲板跑去，跟着大家往船外一看：嚯，一只小北极熊就在距船体不到20米的冰面上游荡，有经验的科考队员根据它的身长判断，这只小熊估计只有2岁大。

小北极熊围着"雪龙"船慢慢地在冰面上行走，遇到海水就扑通一声跳下去，尽情地在那彻骨寒冷的冰水中遨游。看到船上探出那么多"长枪短炮"，小北极熊也有了表演的兴致，打滚、跳水、游泳、匍匐……尽显憨态可掬的模样。

在北极地区，一年四季都有北极熊出没，不过在严酷的寒冬很少能见到北极熊的身影，因为它有一种特殊的习性——冬眠，可以在相当长的一段时间内不摄食，而且呼

图组：憨态可掬的北极熊

吸频率也很低。

　　动物学家们甚至还发现，北极熊不仅冬眠也要夏眠。动物学家曾在秋天跟踪几只北极熊，发现它们的熊掌上长满了长长的毛，说明它们已经很长时间没有活动了。

　　北极熊有一只特别灵敏的鼻子，能够嗅出3千米以外的食物。当寒冬来临，北极地区食物匮乏的时候，北极熊就会从空气中弥漫的各种气味里分辨出食物的气味，然后寻味而至，闯入因纽特人的村落或科学考察站。

　　北极熊在每年的春季开始交配，当雌熊4岁、雄熊5岁时，便到了谈情说爱的年龄。它们交配的时间是很短的，大约在两周左右，最长也不超过一个月。在交配期，往往是雄北极熊主动出击，逼迫雌北极熊就范。

　　当寒冬腊月来临时，雌熊便被抛弃在冰洞中，孤独地产下熊宝宝。熊宝宝多为双胞胎，刚刚出生的小熊崽只

因纽特人

　　因纽特人是世界上最北部地区的居民，他们居住在北极圈周围的格陵兰岛、美国的阿拉斯加和加拿大的北部，约有8万人。因纽特人意为"真实的人"。北美洲印第安人将因纽特人称为"爱斯基摩人"。"爱斯基摩"意为"吃生肉者"，这是因为爱斯基摩人以肉食为主，而且有吃生肉的习惯。

有0.5千克左右重，全身光秃秃的，完全依靠母熊的乳汁为生。在熊宝宝出生的4个月时间里，母熊与之形影不离，完全依靠消耗母熊储存的营养来哺育小熊。

在三四个月的时间里，小熊崽的重量会增加到14千克左右，在此之后，母子就可以走出洞穴觅食了。满2岁后，小熊崽就要自己闯天下了。

一只母熊带着两只小熊在冰上奔跑

北极熊是北极地区最大的食肉动物，因此也就是北极当然的主宰。如果说，企鹅是南极的象征，那么北极的代表自然就是北极熊了。

北极熊全身披着厚厚的白毛，甚至耳朵和脚掌亦是如此，但皮肤却是黑色的，我们从它们的鼻头、爪垫、嘴唇以及眼睛四周的黑皮肤上就能发觉皮肤的原貌。黑色的皮肤有助于吸收热量。而且其毛的结构极其复杂，毛发中空，起着极好的保温隔热作用。因此，北极熊在浮冰上可以轻松自如地行走，完全不必担心北极的严寒。

稍息立正

　　北极熊的体形呈流线型，善游泳，熊掌宽大犹如双桨，因此在北冰洋那冰冷的海水里，它可以用两条前腿奋力前划，后腿并在一起，掌握着前进的方向，起着舵的作用，一口气可以畅游四五十千米，也算得上是游泳健将

雪地撒野

关于北极熊，你必须知道的10件事

1. 身体被5~10厘米的厚脂肪层覆盖着，北极熊能够忍受极度寒冷的温度。

2. 即使温度是在零下，北极熊仍然能够保持住它们的体温。

3. 在白色的皮毛下，北极熊的皮肤是黑色的，可以帮助它们吸收热量、维持体温。

4. 北极熊通过肢体语言和声音彼此交流，包括吼叫、吸气和咆哮。

了。其熊爪宛如铁钩，熊牙锋利无比，它的前掌一扑，可以使人的头颅粉碎，身首分家，可谓力大无穷。它奔跑起来，风驰电掣，速度可达每小时60千米，但并不能持续太久，只能进行短距离冲刺，所以在宽阔的陆地上，假若人和熊进行长跑比赛的话，北极熊必败无疑。

北极熊为食肉动物，主食海豹，其中主要是环海豹，因这种海豹在北极分布极广，甚至北极点都是其活动的场所。每当春天和初夏，成群结队的海豹便躺在冰上晒太阳，北极熊则会仔细地观察猎物，巧妙地利用地形，亦步亦趋地向海豹靠近，当行至有效捕程之内，则犹如离弦之箭，猛冲过去。尽管海豹时刻小心谨慎，但等发现为时已晚，巨大的熊掌以迅雷不及掩耳之势拍将下来，海豹顿时脑浆涂地。有时，特别是冬天，北极熊又会以惊人的耐力连续几小时在冰盖的呼吸孔旁等候海豹，全神贯注，一动不动，犹如雪堆一般，并会用熊掌将鼻子遮住，以免自己的气味和呼吸声将海豹吓跑。当千呼万唤的海豹稍一露头，"恭候"多时的北极熊便会以极快的速度，朝着海豹的头部猛击一掌，可怜的海豹尚未弄清发生了何事，便脑花四溅，一命呜呼。这时北极熊立即将海豹狠狠地咬住，

图组：北极熊的动与静

以防海豹下沉，然后用力将其从水中拖出，由于冰孔太小，往往会把海豹的肋骨和骨盆挤碎，北极熊力气之大，由此也可略见一斑。对于那些躺在浮冰上的海豹，北极熊也有一套对付的方法。它会发挥自己游泳的专长，悄无声息地从水中秘密接近海豹，特别有意思的是，有时它还会推动一块浮冰作掩护。捕到海豹后，便会美餐一顿，然后扬长而去。北极熊的聪明之处还在于，在游泳途中若遇到海豹，它会无动于衷，犹如视而不见。这是因为它深知，在水中，它决不是海豹的对手，与其拼死拼活地决斗一场，到头来还是竹篮打水一场空，还不如放海豹一马，也不消耗自己的体力。当捕食甚丰时，北极熊便会挑肥拣瘦，专吃海豹的脂肪，其余的部分都慷慨地留给它的追随者——北极狐等。当找不到猎物时，它也会吃搁浅的鲸的腐肉、海草、谷燕、干果，甚至居民点的垃圾。

"北极王者"

"防熊队"誓师

　　在一块密集度高、表面平坦的大面积海冰上建立冰站，进行海洋、海冰、大气的多学科综合观测，是历次北

5. 只有怀孕的北极熊才会在冬天留在洞穴里。其他北极熊全年都维持着相应的运动量，但是，如果食物的供给不足，它们的新陈代谢就会变慢，即使不吃东西，也能存活几个月的时间。

6. 北极熊生产的时候，一般都会产下两只幼崽，它们生下来的时候只有0.5千克左右重。

7. 北极熊幼崽的成长速度是非常快的，它们会和妈妈共同生活两年半到三年的时间，学会如何生存。

8. 北极熊有着非常强的嗅觉，能够发现3千米外趴在冰面上的海豹以及在厚冰层下的猎物。

9. 北极熊是出色的游泳高手，它们能够游到60千米外的地方甚至更远。

10. 虽然北极熊看起来行动缓慢，但是它们能够以每小时60千米的速度奔跑。

极科考的重要使命。但在北极冰面上进行科考作业，远没有在南极那么轻松，如何保护科考队员的人身安全，避免成为北极熊的"美餐"，成了科考队的首要任务。

为此，自从进入北纬66°33′的北极圈，来自中国极地研究中心的蔡明红便紧急招募人马，组建"防熊队"。"编制"初定为5人——1名队长、4名巡逻队员，蔡明红自然是队长。

图组："防熊队"誓师

"武器库"和"弹药库"

由于常年奔波于南北两极，为抵御海盗、北极熊等威胁，"雪龙"船上配有枪支和弹药，分别放置于船舱内的两个独立房间里，并规定枪支和弹药由政委和水头双人保管、双本帐、双把锁、双人领发和进库、双人定期检查。

我知道哪次科考作业肯定都离不了"防熊队"，因此便强烈要求加入这支队伍，好为自己上冰体验科考生活提供机会。哪知蔡"大总管"早就摸清了我的心思，死活不批准，并明确表示成为"防熊队"队员的首要条件是要恪尽职守、心无旁骛，可我一旦有机会上冰，一定会忙着拍照、采访，这不符合对防熊队员的起码要求。在这样的方针指引下，5人组成的"防熊队"正式成立了，8月6日，"防熊队"在"雪龙"船后甲板上举行了誓师仪式——实弹打靶。

6日一大早，政委罗宇忠就和水头傅炳伟一起开启了"雪龙"船上的"武器库"和"弹药库"，取出一把冲锋枪和百余发子弹，准备让大家实弹操练一下。

实弹操练开始了，几名科考队员以冰面上的浮冰为靶子，练起了枪法，欣喜之余也深感责任重大。这次北极科考以来，我们已经多次遇到北极熊，在冰面上遇到北极熊也并不是不可能的。据说北极熊通常是不袭击人类的，只有在极饿的情况下，才会以人为食，有时它们只是对人类的活动感兴趣而已。

图组："防熊队员"练习打靶

作为陆地上最大的食肉动物之一，看起来身材笨拙的北极熊其实是个"短跑高手"，它奔跑起来的最高时速可达60千米，即使是"飞人"刘翔也不是它的对手。因此，携枪上冰作业，一直是中国北极科考的传统纪律。

但蔡"大总管"也实话实说：拿枪更多的时候是一种心理安慰，真的碰到北极熊，很可能只是鸣枪威吓一下。科考队也有明文规定，在北极要保护北极熊，任何人不得无故伤害北极熊。

是啊，如果不是迫不得已，谁会真的用枪口对准它们呢，它们是北极的精灵、北极的主宰啊！

科学家估计，目前北极地区还生存着25 000只北极熊，但随着气候变暖、海冰融化，这种大型哺乳动物正面临生存困境。美国渔业与野生动物部长于2008年5月中旬宣布把北极熊列入生存受威胁的受保护野生动物名单，并预言北极熊的数目将在50年后出现危机，很可能在2050年前减少2/3，也就是说，约有1.6万只北极熊死亡。

北极熊的寿命大约为20~30年，它们以海豹为主食，并利用海冰为平台来猎捕海豹，虽然也可以在水中捕食，但水中追逐猎物的成功率非常低。专家说，为了熬过漫长的冬季，北极熊必须在严寒来临之前积累10厘米厚的脂肪，为此北极熊每天要进食5只海豹，因此虽然气温本身对北极熊的影响不太大，但冰面对北极熊的生存起着关键作用。

然而，数据显示，全球气候变暖正导致全球冰川严重萎缩，与50年前相比，北极冰川厚度减少了40%，面积缩小了10%~15%。根据挪威的监测，2007年夏天气温最高的几周，北冰洋海冰覆盖面积降至300万平方千米，为历史最低点，而这一数字在2000年前平均为750万平方千米。

这表明从2000年起，全球气候变暖的速度正在加剧，势头日趋严峻。但科学家指出，北极海冰融化的速度可能比预计的更快，北极熊减少的数目因此可能比估计得更多，这不禁令人深感忧虑。

冰上突袭

"等北极熊来了，我们就……"这是科考队出征以来，队员们开玩笑时最常用的一种假设，没想到一语成谶。8月23日晚18时，在科考队设立的长期冰站上，我与9名科考队员就亲身经历了直面北极熊的惊魂一刻。

傍晚17时20分，大部分科考队员已从冰站撤离回"雪龙"船上，我和船上的四名驾驶员决定一起到冰站营地附近拍照留念。冰站营地外是国旗区，此次参加科考的队员来自中国、日本、韩国、美国、芬兰、法国、俄罗斯七个国家。按照惯例，科考队在冰站营地建成的当天，就将代表科考队员所在国家的七面国旗插在了皑皑冰面上，当微风拂过，五颜六色的旗帜迎风招展，队员们的自豪感便油然而生。因此，尽管距“雪龙”船最远，这片区域每日的“游客”仍络绎不绝，每个有机会下船的科考队员都会到这里拍照留念。

矗立在长期冰站上的各国国旗

踏着10厘米厚的积雪，拖着笨重的雨靴，我与四名驾驶员结伴同行，尽管冰站营地距“雪龙”船的直线距离仅有1 000米左右，但为了绕开冰脊和融池，我们不得不兜兜转转。近20分钟后，我们终于走到一顶墨绿色的帐篷面前，长舒一口气：“总算到家了。”

设在北纬84° 的这一营地创造了中国科考的最北纪录，是中国首次在如此高纬度的海域对海洋、海冰、大气进行多学科定点综合观测。营地帐篷外，大气、海冰等观测设备在寒风中岿然屹立；帐篷内，用木板临时支撑起的桌椅床铺虽然简陋却也温馨。大气观测组组长逯昌贵与两名科考队员在这里已经奋战了近三天，虽然帐篷里放有睡

帐篷中忽闻北极熊"驾临"

袋，但由于没有取暖设备，再加上每隔三四个小时就要进行一次数据观测，三个人都已经几天没睡上一个完整觉，每个人的眼中都布满了血丝。

招呼我们一行五人走进帐篷，逯昌贵给每人倒上一杯热乎乎的咖啡，醇香的味道立刻让帐篷里暖意融融。谈笑间，帐篷外的两名"防熊队员"之一张永山走进来，微笑着轻声说："北极熊来了。"帐篷里顿时笑声一片——这种吓唬人的招数太老套了。

尽管没有一个人相信他说的话，大家还是纷纷起身走出帐篷，似乎要亲身证实一下这句话的虚伪性。

然而，走出帐篷，朝着张永山手指的方向一望，每个人脸上的笑容都凝固了——一只体型硕大的北极熊正缓步向营地帐篷方向走来，距帐篷已不足500米。

"北极熊！""真的是北极熊！"大家纷纷叫起来。

"我的相机呢？谁拿着我的相机？"我鬼使神差般冒出两句话，也许是职业习惯使然，在任何紧急情况下，我的第一反应都是——拍照。

但此刻已没有人顾得上回答我的问题，大副朱兵手持对讲机，正在与"雪龙"船驾驶台取得联系："驾驶台，驾驶台，冰站发现北极熊，冰站发现北极熊……"逯昌贵则立刻奔向停在营地帐篷一侧的雪地摩托车。

我奔入帐篷，发现我的相机正安静地躺在桌面上，浓香的咖啡依然冒着热气。"这估计会成为北极熊的美餐了。"我暗想着跑出帐篷，顺手打开照相机的开关。

冰站撤退

当我迈出帐篷时，逯昌贵已经发动雪地摩托车的引擎，后座上坐着肩挎冲锋枪的张永山，摩托车不断地发出"轰轰"的声音，令人提心吊胆。

"这声音不会把熊引过来吧？"我轻声问，生怕一点点的声音都会让北极熊注意到我们的存在。

"这是吓唬熊的，熊没有见过这东西，也没听过这种声音，估计会害怕。"忙乱间，不知是谁为我解答了这个疑惑，也让我悬在嗓子眼的心稍稍镇定了一点。

大副的对讲机里频频传出船长焦急的声音："冰站上的人马上撤回来！冰站上的人迅速向'雪龙'船方向跑！"抬手看表，此时正是18时08分。北极熊似乎还没有发现我们，正迈着轻快的步伐边走边闻，对架设在冰雪中的科考设备和国旗颇感兴趣，不时地用爪子拨弄着，又用牙齿咬一咬。

匆忙地用相机定格下这些瞬间，我便与另外7名科考队员一起向"雪龙"船方向奔跑。隐约可以看到，驾驶

北极熊对冰站上的科
考设备倍感好奇

台和船头甲板上已经挤满了黑色的脑袋，船长不时通过对
讲机向我们通报讯息："已经派出小艇到冰边缘接你们回
船"，"冰站上的人不要拍照了，快向回跑"……

　　而前方的召唤似乎并没有吸引我们，倒是后方的北极
熊对我们更有吸引力。跑出距帐篷200米左右，我们禁不住
停下来回头张望。此时，北极熊已来到营地帐篷门口，两
条后腿扒着一块矮小的雪堆，前腿双双抬起，向我们奔跑

直立的北极熊近两人高

的方向直立起来，昂着头，威风凛凛。

"嚯，这是一只大熊，估计已经四五岁了。"望着北极熊近两人高的身躯，有人低声说。

"呀，它发现我们了，快跑！""咔嚓咔嚓"急按了两下快门，我掉头猛跑。

跑出一段又忍不住回头望望，所幸，北极熊并没有对我们产生兴趣，而是走到营地帐篷门口探头探脑，犹豫着到底要不要进去。"原来，它刚刚站起身的举动只是为了察看'敌情'，为进帐篷作准备啊"，我暗想着松了口气。

望向营地帐篷，逯昌贵和张永山依然驾驶着雪地摩托车守在帐篷附近，尽管船长不停地通过对讲机向他们发出指令，要求他们驾驶雪地摩托车撤离，但由于逃跑得匆忙，逯昌贵的对讲机落在了帐篷里，他们根本听不到船上的呼叫，一心想要守在北极熊附近，等我们登上小艇、完全安全后再撤离。而此时，他们与北极熊的距离不超过50米！

为保护其他队员安全撤退，逯昌贵与张永山在冰站帐篷周围与北极熊周旋

意识到这一点，已经跑到冰站营地与"雪龙"船中间处的我们拼命向我们的两个"守护神"招手，大声呼喊着要他们返回。迟疑片刻后，他们终于收到了我们的讯息，向着"雪龙"船的方向驶来。

此时，橘黄色的直升机已经起飞，4名机组人员驾驶着直升机向北极熊俯冲而去。飞机的轰鸣声把北极熊吓得掉头狂奔。不一会儿，它的身影便消失在茫茫雪原上。

两名队员迅速向"雪龙"船方向撤退

我们终于安全了……18时25分，我们登上小艇，安全返回"雪龙"船。尽管心有余悸，但每个人的脸上都挂着得意的笑容，细细品味着这20分钟的"生死大逃亡"……

直升机起飞驱赶北极熊

南 极 篇

经历过多少次这样的离别，我们不再那
么地儿女情长。这不是一种情感上的淡漠，而
是一种心灵上的淡定。一路上的艰辛和南北极
的风险铸就了我们坚强的意志，我们总是认为
"风雨中这点痛算什么"，我们也早已习惯于
这样的远行……

——朱兵

八下南极

南极无新闻

2008年10月20日，这天中国第二十五次南极科学考察拉开序幕。承担此次科考任务的"雪龙"船将在这一天扬帆远航，奔赴南极。

海上的彩虹

"雪龙"船自1993年从乌克兰购得并投入使用以来，长期行走在地球的南北两端，至今已有16个年头。我作为"雪龙"船船员中的一员，跟随雪龙船走南闯北也有十余年了，如今已成为见习船长兼大副，随船二上北极八下南极的经历，让我对"雪龙"船和南极北极有着难以割舍的情怀。就在2008年的7~9月，我刚刚随"雪龙"船奔赴北极，执行中国第三次北极科学考察任务，返回陆地后还没来得及休整几日，便又带着北极归来的仆仆风尘，匆匆踏上了我的第八次南极征程。

10月20日10时许，"雪龙"船停靠的上海港极地考察专用码头已是人头攒动，锣鼓声、鞭炮声震耳欲聋，欢送的人群不停地向船上的亲人们挥着手并说着祝福的话语，欢腾的气氛里亦夹杂着无数惜别的感伤。"雪龙"船上，靠近码头的船舷一侧站满了那些初次出海的科考队员，他们与船下的同事、亲戚朋友依依不舍，互道着珍重。而船员们，尤其是多次征战南北极的老船员们，心情则甚是平静，因为我们已经看多了这样的场面，早已学会将离别的不舍深埋在心底。大家都在自己的岗位上用手头的工作稀释着此时的离愁别绪，默默等待着船长下达驶离码头的最后命令。

10时30分，我们在船头甲板上收回了系在码头的最后一根缆绳。随着汽笛的一声长鸣，"雪龙"船缓缓离开码头，离开了送别的人群。船行至江心，便调头直奔长江入海口而去。放下手中的活儿，抬头望着渐行渐远的码头，望着久久不愿离去的送别的人们，我们虽神情自若，但是心里还是有着一种说不出的酸楚。经历过多少次这样离别的痛苦时刻，我们不再那么地儿女情长。这不是一种情感上的淡漠，而是一种心灵上的淡定。一路上的艰辛和南北极的风险铸就了我们坚强的意志，我们总是认为"风雨中这点痛算什么"，我们也早已习惯于这样的远行，几乎每年都是这样的秋去春回，都是这样的与家人分分合合。我们把每年去趟南极看成是正常的上下班，只是上下班时间不是朝九晚五而是岁末年初，工作时间不是8小时而是半年。我们已不再顾虑什么，只是我们长期漂泊在外时，父母的年迈多病和妻儿的孤独无助常在我们的心头隐隐作痛。无奈之下，我们也常劝慰自己，既然选择了孤寂的远行，那么就放下包袱，轻装出发吧。

我们此次南极之行的主要目的是执行国际极地年IPY（International Polar Year）中国行动计划（PANDA计划），建立中国南极第三个考察站——中国南极昆仑站、执行中国极地考察"十五"能力建设中的中国南极中山站改造任务及南大洋的科学调查等各项任务。"雪龙"船的主要任务即是为此两站的建设运送建站人员和建站物资，并为站区的科研项目和大洋调查任务的顺利进行提供有力保障。

前往南极的路上，我们还将到韩国的济洲岛租借一架卡-32直升机，到澳大利亚的弗里曼特港时，我们除了进行必要的补给外，还要装载一批在南极内陆建站的物资。按计划，把部分人员及全部建站物资送到中山站后，我们便调头返回澳大利亚，装上第二船物资，再次运往中山站。这就意味着，我们在此次航程中将四次穿越南纬45°～60°之间素有"魔鬼地带"之称的"咆哮的西风带"，并两次到达冰山和浮冰遍布的南极海域，这将是对"雪龙"船安全航行的又一次重大考验。不仅如此，因为此次"雪龙"船启航的时间比往年提前1个月，在我们到达南极时，中山站附近海域的冰情会严重到什么程度、我们是否能顺利破冰至中山站附近并卸下所有物资、南极的冰情是否会影响整个航次计划的实施、届时我们将如何克服各种困难确保本航次的考察任务顺利完成等等，都成为摆在我们面前的重大考验。

不过，南极考察向来是带有一定的风险性的，正因

1996年，中国成为国际北极科学委员会（IASC）成员国

1999年，中国成功组织了首次北极科学考察

2002年7月，中国在上海成功承办了国际南极科学委员会会议和国家南极局局长理事会会议，中国南极考察取得的成果得到国际上的高度评价

2004年，中国在北极斯匹次卑尔根群岛新奥尔松地区建成了第一个北极科学考察基地——中国北极黄河站

2005年1月，中国第二十一次南极考察队实现了人类首次从地面到达南极冰盖最高点——冰穹 A地区的壮举，并开展了建设中国第三个南极考察站的前期调研工作

2006年，国家正式批准中国极地考察"十五"能力建设项目

2006年，中国成为南极海洋生物资源保护公约（CCAMLR）缔约国

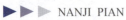

2007年，国际极地年中国行动正式启动

截至2009年，中国成功组织了25次南极科学考察、3次北极科学考察，成功实施了7次南极内陆冰盖科学考察、4次南极格罗夫山野外科学考察

为有风险的存在，才有挑战的可能，南极之行才显得更有意义，不是有这么一句话吗——与天斗其乐无穷。我们就是这么一帮不畏艰险、不惧挑战的人。既然开弓没有回头箭，那就勇往直前吧。

吾友"雪龙"

我与"雪龙"船初次谋面是11年前的事了。1998年4月，"雪龙"船执行完中国第十四次南极科学考察后停靠于上海港民生路码头。当时，我是作为一名游客登上这样一艘让我心驰神往的极地破冰船的。在大学尚未毕业时，我便闻听了"雪龙"船的大名，带着对南北极的向往和对我国第一艘破冰船的好奇，毕业时我便选择了"雪龙"船当时所属的国家海洋局东海分局作为我的工作单位，希望有朝一日能随"雪龙"船一起登临地球的两极，去看一看世人难以企及的那片白雪皑皑、古老神秘的地方。

1998年10月，我被安排到"雪龙"船上工作，我的梦想终于实现了。初见"雪龙"，着实让我有些震撼。坚固的身躯，棱角有致的线条，黑白分明的体色，无一不透射出它强健的体魄和惊人的毅力。舱室内宽敞而明亮、干净

图组："雪龙"船的旧貌与新颜

而整洁，置身其中，让人神清气爽、信心百倍。能让我跟随并驾驭着它游走于天南海北，真是荣幸之至。

"雪龙"船，原名SNOW DRAGON，是目前我国唯一一艘专门从事南北极考察的破冰船，隶属于国家海洋局，担负着运送我国南北极考察队员和考察站物资的任务，同时又为大洋调查提供科考平台。

"雪龙"船1993年建造于乌克兰赫尔松船厂，当年作为新船购进后，次年便投入使用，接替原南极考察运输船"极地"号，执行了中国第十一次南极科学考察任务，这便是"雪龙"船的首次极地之行。自那时起至2009年，"雪龙"船已先后圆满完成了12次南极科学考察和3次北极科学考察任务，足迹遍布五大洋，安全航行30多万海里，40次成功穿越西风带，破坚冰200多海里，浮冰区航行3万多海里，最北航行至北纬85°30′，最南航行至南纬70°21′，创下了中国航海史上的多项纪录，在国际上也是屈指可数，为探索极地科学、弘扬民族精神和维护国家权益作出了突出的贡献。为此，"雪龙"船曾先后多次荣获了祖国和人民的嘉奖、赢得了无数荣誉，并在国际极地圈中声名远扬。

"雪龙"船自投入使用后，船体曾做过两次较大的"手术"。第一次"手术"是在"雪龙"船完成它的首次南极之行后进行的。为了满足极地科考的需求和增强船舶的续航力，在船上原有的1号货舱的上面搭建起4层科考人员居住区、科考餐厅和实验室，并将部分货舱改装成燃油舱和淡水舱。我们将原有的楼层和新建的楼层分别称之为"老区"和"新区"，以此作为区分。第二次"手术"是在2007年4~10月间，这是一次真正的"全身性大手术"，原有的新老区楼层全部被铲除，重新搭建起一体化楼层。

中国南极考察船

中国第一代极地考察船——"向阳红10"号船

"向阳红10"号船为大型远洋综合科学考察船，满载排水量13 000吨。该船由中国建造，1978年下水，原隶属于国家海洋局东海分局，船籍港为上海（现改为"远望4"号远洋卫星测量船，隶属于国防科工委）。船上配有水文、气象、化学、生物、微生物、水声、光学和重力等实验室。1984年首赴南极执行中国首次南极科学考察任务。

中国第二代极地考察船——"极地"号抗冰船

"极地"号船原系芬兰劳马船厂1971年建造的一艘具有1A级抗冰能力的货船。中国于1985年购进后，投资750万元改装成南极科学考察运输船，隶属于国家南极考察委员会，船籍港为青岛。该船从1986年10月25日首航南极以来，共完成了6个南极考察航次，于1994年退役。

中国第三代极地考察船——"雪龙"号破冰船

"雪龙"船隶属于国家海洋局，1999年4月，该船由国家海洋局东海分局转制至中国极地研究中心，船籍港为上海。

该船属B1级破冰船，能以1.5节航速连续破厚度为1.2米的冰（含0.2米厚的雪）。

"雪龙"船的主要技术参数如下：

总长：167.0米

最大航速：18.0节

型宽：22.6米

续航力：20 000海里

型深：13.5米

主机一台：13 200千瓦

满载吃水：9.0米

副机三台：800千瓦/台

满载排水量：21 025吨

载重量：10 225吨

改造后的"雪龙"船功能布局更趋合理，新增贵宾接待室、多功能学术报告厅、科考会议室。船的自动化程度、科考调查能力和工作生活条件等也都得到了全面的提升。

目前，"雪龙"船上有120个床位；能满足120人同时用餐的餐厅；面积达500多平方米的实验室，可进行多学科海洋调查；150平方米的多功能学术报告厅，可满足科考队员在船上进行学术交流；还有图书馆、医院、游泳池、桑拿、健身房等设施。改造后的雪龙船拥有先进的通讯导航、定位、自动驾驶、机舱自动化控制系统和科考调查设备；并拥有能容纳两架大型直升机的平台、机库及配套系统。

"雪龙"船的每个航次都汇集了来自全国各地的科考人员，甚至还有来自国外进行国际合作的外籍专家。在这些科考队员中，大部分都是新面孔，老队员也偶见几位，但为数不多。可能对于有些科考队员来说，仅一个航次任务的完成、仅一次南极之行的经历就已足够，以后可以不必跟着"雪龙"船再闯南极。而对于"雪龙"船的船员来说，"雪龙"船走到哪里他们就要跟到哪里，这已无可选择，跟随"雪龙"船风里来浪里去不只是一两个航次的

"雪龙"船驾驶舱

事，可能要穷尽毕生。目前"雪龙"船上只有这样一套人马，船离不开这帮船员；而这帮船员早已以船为家并执着地热爱着这份极地事业，这也成了他们离不开"雪龙"船的真实理由。这两点因素注定了他们漂泊的一生，也注定了劳顿与风险将会与他们如影随形。那些老船员们在风险南极置生死于不顾、几过鬼门关，至今对这份事业仍不离不弃，甚是令人敬佩。如今，在我们举杯欢庆之时，总不忘给那些曾参加过1984年首次南极科学考察并经历过狂风恶浪洗礼的老船员们敬上一杯酒，向他们表达我们的敬意、献上我们的祝福。

济州岛与卡莫夫（卡－32）

2008年10月21日，"雪龙"船在上海港长江口一号锚地稍作休整后，于上午8时起锚，驶往韩国济州岛，去那里接一架韩国的卡–32直升机。这架直升机将与从国内向哈尔滨飞龙公司租借的一架"直九"直升机一起为第二十五次南极科考服务。我们在第二十四次南极科学考察时曾向韩国LG公司租用过卡–32直升机，包括6名机组人员及翻译，此次是第二次租用。因为卡–32直升机吊重能力强于"直九"直升机，它一次能吊重4~5吨，而"直九"直升机只能吊重不足1吨。此次南极考察的货物运送任务重、时间紧、冰情严重且复杂，需要有像卡–32这样运货能力强的直升机来进行空中货物运输，而"直九"直升机则主要是用于运送人员和吊运小型货物。其实"雪龙"船的机库可以容纳两架像卡–32这样大的直升机，但考虑到直升机在南极科考中的实际功用，还是租用这样运输能力一大一小的两架直升机更为科学合理。

长江口至韩国济州岛路程约为244海里，大约16个小时后，10月22日凌晨1时，"雪龙"船在韩国济州岛南侧

"雪龙"船历次航次情况

1994.10~1995.03：执行中国第十一次南极科学考察

1995.11~1996.04：执行中国第十二次南极科学考察

1996.11~1997.04：执行中国第十三次南极科学考察

1997.11~1998.04：执行中国第十四次南极科学考察

1998.11~1999.04：执行中国第十五次南极科学考察

1999.07~1999.09：执行中国第一次北极科学考察

1999.11~2000.04：执行中国第十六次南极科学考察

2001.11~2002.04：执行中国第十八次南极科学考察

2002.11~2003.03：执行中国第十九次南极科学考察

2003.07~2003.09：执行中国第二次北极科学考察

海 里

海里为海上常用的距离单位，1海里约等于1.852千米，1/10海里称为1链，因此1链约等于185.2米。每小时1海里的航行速度被称为1节。"雪龙"船的平均航速为15节，换算成陆地上的速度为27.78千米/时。按照这样的速度，"雪龙"船从上海出发直至抵达南极，日夜马不停蹄约需1个月的时间。

的西归浦港（SEOGWIPO）锚地抛锚了。

这是一个小渔港，地域狭小，"雪龙"船无法停靠码头，只能在港外锚地抛锚等待。由于有锋面过境，天气突变，船外下起了大雨。清晨时分，海上的涌浪开始变大，"雪龙"船也开始不停地摇晃。

幸好空中的能见度可以满足直升机飞行，9时许，卡-32直升机准时飞抵"雪龙"船，安全降落在位于"雪龙"船后甲板的停机坪上。墨绿色的停机坪将通体红白两色的卡-32直升机映衬得更加魅力十足，机身左侧用中文印制的"中国南极考察队"字样，让我们顿时倍感亲切，从此刻起，我们就是一家人了。

韩国卡-32直升机抵达"雪龙"船

卡-32直升机拥有两套螺旋桨及大大的机肚，外形显得结实而粗笨，让人一看便知是个吊重能手。卡-32直升机所需的吊货索具、机用备件及机组人员的行李物品由韩方小艇运送到船边。由于海面涌浪很大，大船和小艇都摇个不停，为了将运输艇上的这些物品吊上"雪龙"船，也让我们费了不少周折。

在卡-32直升机入库固定、相关物品安置妥当后，韩

降落在"雪龙"船停机坪上的卡-32直升机

国机组人员搭乘小艇离开了"雪龙"船。此次跟随卡-32直升机的韩国机组人员也是6名，他们将乘坐空中航班直抵"雪龙"船要停靠的下一个港口——澳大利亚的弗里曼特尔（Fremantle）港，在那里他们会登上"雪龙"船前往南极。

完成了在济州岛停靠的任务，"雪龙"船于14时30分起锚，调整航向直插弗里曼特尔港。

弗里曼特尔港迎队友

在接下来的12天时间里，"雪龙"船向南穿越中国东海、驶过台湾和菲律宾以东的太平洋洋面、进入海盗出没的印度尼西亚岛礁区、过赤道由北半球驶入南半球、经过印度尼西亚著名的风景名胜区巴厘岛、穿过龙目海峡进入印度洋，最终到达位于澳大利亚西海岸的西澳首府珀斯（Perth）的外港城市弗里曼特尔。

弗里曼特尔对于中国南极科考和"雪龙"船来说已经是一位老朋友了，从第五次南极科考开始，只要去南极的中山站，之前的"极地"号以及现在的"雪龙"号几乎都

弗里曼特尔街头

钟楼

会将这个西澳的港口城市作为补给和中转点，这座城市以及在这座城市附近生活的华裔与中国南极科考的故事或许都能写一本书了。历经近二十年风雨，这座安静的港口城市欢迎和欢送着一批又一批的南极科考队员，也见证了中国南极中山站的建立，今年，她将再一次见证中国首座南极内陆考察站——昆仑站的建成。

渔港夜景

航海博物馆

　　每一座城市都有自己的脾性，来的次数多了便会触摸到她灵魂深处的声音。在这座安逸的港口城市，一座座百年以上的教堂与餐厅让历史触手可及，而在碧蓝海边柔软沙滩上惬意地晒着太阳，相互依偎着看潮起潮落直到夕阳西下，则成为当地居民颇感自豪的生活。在这里，下午17时以后除了餐馆和饭店所有的商铺都已经关门，大家都去enjoy life（享受生活），不在乎吃得如何，即便是端着一杯咖啡也能聊天度过两三个小时，无怪乎这些年来很多亚洲国家的居民会移居到澳大利亚或来这里旅游，而在弗里曼特尔的大街上也经常可以看到黄皮肤黑头发的亚洲面孔。

美丽的海滩

享受日光浴

贪睡的考拉

港口美丽的夕阳

11月4日上午，"雪龙"船在澳大利亚港口船只的引导下缓缓驶进港区，港口弗里曼特尔艺术中心那硕大的白色鸟形建筑一如往日地灿烂，阳光平静地洒在白色屋顶上，映射着远方来客好奇的目光。

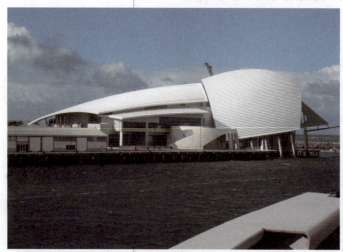

弗里曼特尔艺术中心

船员们在船头熟练地做着靠港前的准备。大船靠港就好比一辆汽车倒车进车位，检验着船长和船员们的技术以及相互协调性。在航海界有这样一句俗语：大副头，二副尾，三副抱着船长的腿，就是说在靠码头时各个职位都分工明确。

站在船头远远地已经能看到港区悬挂的那条欢迎"雪龙"船的红色横幅，海面上依稀传来海鸟的鸣叫，似乎在欢迎我们的到来。

"雪龙"船停靠弗里曼特尔港

在弗里曼特尔，"雪龙"船停留了三天时间，除了补给淡水和蔬菜之外，"雪龙"船将迎来十多名在中山站越冬的队员。由于这次参与南极中山站和昆仑站建设的队员比较多，所以"雪龙"船的床铺比较紧张，而中山站的越冬队员上船之后也是打地铺睡在实验室，这支由科研和后勤保障人员组成的队伍在穿越西风带到达中山站后就将开始近一年半的越冬生活，面对他们的将是漫漫长夜和漫天的飞雪，直到第二十六次南极科考队员去接替他们。

这次在弗里曼特尔港上船的还有一批特殊的装备，那就是我国极地考察新购置的三辆雪地车，这样，参与本次南极内陆站建设的12辆雪地车就已经全部到位了，它们将承担起运输昆仑站物资以及人员的任务。

风雪南极路

在进行短暂的调整之后，7日上午10时，为了躲避气旋，"雪龙"船提前半天驶离弗里曼特尔港，开始向"咆哮的西风带"、向我们的目的地——南极中山站的方向加速行驶。从这时起，我们才算真正开始了我们的南极之行，下次再回到这里要等到第二年的3月份了。从弗里曼特尔港到中山站的航程为2 735海里，但由于一路上要躲气旋、避浮冰，真正的航程实际上远远超过这个数字。

刚驶出弗里曼特尔港，船就开始前后摇摆，船头上下起伏的幅度还不小，很多人已经禁不起这样的颠簸而躺倒了。天空阴霾，海面上满眼的白浪花翻卷着迎面而来，船体不停地摇摆震颤着，此时，我们隐约嗅到了西风带的气息，感觉到狂风恶浪正一步步地向我们逼近。

西风带上"交公粮"

在南半球副热带高压南侧，大约在南纬40°至南纬60°附近，存在一个环绕地球的低压区，这里常年盛

西风带

全年盛行8.0~13.8米/秒的偏西风和平均3~4米的涌浪。在大约南纬45°~58°的纬度上，由于受绕极气旋的影响，14~17米/秒以上的大风天气全年各月可达7~10天或10天以上。

西风带气旋

环绕南极大陆的西风带，存在着许多个低气压天气系统，即锋面气旋。这些气旋在高空西风气流的引导下，自西向东移动，一年四季周而复始地环绕南极大陆移动，所以被称为西风带气旋。

行西风，环球的大气环流在这里产生了一个接一个的气旋，风力常在10~12级之间，因此这里也常被称为"咆哮的西风带"。

西风带中强气旋个体十分庞大，云系结构密实，对应海面风大浪高，能见度只有几十米。第十四次南极考察中，"雪龙"船在中山站附近遇到一次强气旋活动，为躲避这次强气旋的影响，"雪龙"船开往澳大利亚的戴维斯站避风海湾，在避风海湾内当时测得的风速为36米/秒，瞬间最大风速达48米/秒。

由于西风带中陆地和岛屿很少，海面宽阔，这种特殊的地理环境，为大风大浪提供了有利的自然条件。强气旋来临时，西风带内就会卷起狂风暴雪和高达十几米的巨浪，大风暴雪使海上能见度急剧下降，给海上船舶航行带来极大的困难和危险。

船若想在西风带平稳穿行，只能看天行事，见缝插针，想办法在两个气旋之间穿插过去。事实上，大洋里被风激起的涌浪是难以在短时间内消除的，因此，船只摇晃在所难免。对于"雪龙"船来说，穿越西风带已是司空见惯的事，我们曾数次穿越西风带，风平浪静地穿过也是有的，这次能否顺利通过，一要靠运气，二要靠智慧。

为了安全穿越西风带，在刚刚驶出弗里曼特尔港后，我们便开始根据大风浪中航行的知识及以往的经验，进入了"一级戒备"状态。对于船员来说，最重要的是认真做好机舱里各种动力设备、驾驶台的各种仪器设备的检查和保养，确保在大风浪中航行时，船的主机和舵机一刻也不能停止运转。

机舱被喻为船舶的"心脏"，试想在紧急状态下，心脏停止了跳动会意味着什么？船舶若在大风浪中失去了动力，船体马上就会在涌浪中打横，在涌浪的不断推摇下，船体的横向摆动也将逐渐加大，此时剧烈的摇摆会造成货舱内货物移向船体一侧，再加上滚滚而来的大量海水压上船身，船舶的倾覆便在转瞬之间。

此外，我们要关闭所有的水密门窗，防止海水灌注船体内，保证船舶有充足的浮力。同时疏通甲板上的下水道，以保证冲上甲板的海水能及时排出舷外，因为冲上甲板的几十吨、上百吨的海水足以使船舶丧失原有的稳定性。

随着船身摇摆幅度的增大，货物会在舱内来回移动，不断地撞击舱壁，而使船体受损、海水灌入。移动的货物也会堆积在船体的一侧，而使船体严重倾斜，此时若船体左右摇摆使其倾斜的一侧超过倾覆

穿越西风带

角，那么船舶倾覆的结局不可避免。因此，在通过西风带前，将船舱内的货物加固、做好舱室内物品的绑扎是一项必需工作，这也是保证重要的物品、仪器设备不受损的重要前提。

11月10日下午14时左右，"雪龙"船跨过了南纬45°线，从地理上讲，这才算是真正进入了西风带。不过在此之前的几天里，由于受到西风带气旋的外围影响，我们早已与大风浪抗衡多日了。

这几天，船员们忙着应对大风浪对我们的侵袭，而其他的队员，包括晕船和不晕船的，也没闲着，大家都在积

极参与着一项活动，那就是冰山竞猜活动。冰山竞猜的意思是我们此次向南极航行过程中将会在哪个纬度发现第一座冰山。因为第一座冰山的到来，意味着穿越西风带的结束。活动组织者将大家竞猜的纬度收齐并封存，待第一座冰山出现后揭晓竞猜结果。有丰厚的大奖等着，就看谁有这份运气了。

发现第一座冰山的人常常是驾驶台的值班船员，因为他们在值班时会对海面进行不间断地瞭望，尽早发现冰山、在与冰山有碰撞危险前做出正确的避让也是他们的职责所在。冰山竞猜活动的规则也有对发现第一座冰山的值班人员进行奖励的规定。在"雪龙"船航行期间，驾驶台有四个班次的人员进行轮流值班，究竟哪个班次的人员会得到这份奖励、哪个人会得到"首座冰山发现者"的美名，大家也在热切地期待着。

发现冰山

不过，竞猜活动还规定，所谓"发现"是指"肉眼看到"，若用其他仪器，如雷达观测到则被视为无效。我们以前的几个航次曾遇到过这种情况，当第一座冰山到来的时候，雷达显示屏上的冰山身影已清晰可辨，但由于有浓雾，能见度极差，即使与冰山相距仅几百米，可任凭瞪圆了双眼，也不能窥其一角。第一座冰山就这样错过，而后面紧接着的第二座、第三座冰山又是这样无情地溜走，这令当时值班的人员郁闷至极，无奈之下只能拱手让下一个班次的人员再去"发现"了。事后总会引来大家的一通热议，但怎奈有规则在先，强辩无效。

冰山竞猜活动已延续了好几个南极考察航次了，这样的活动，一来可以改变西风带航行期间船上沉闷的气氛；二来也可以让更多的人关注第一座冰山的出现，并以此提高值班人员对冰山的戒备心理，防止碰撞冰山事故的发生。只是我们每次发现第一座冰山的位置都是不同的，有时在低纬度就发现了，有时到很高的纬度时还看不到。冰山竞猜没有一定之规，所以才引得大家如此感兴趣。

"雪龙"船在西风带中艰难航行着，形只影单，在这条航线上已很难再见到其他船只。由于顶风顶涌前行，大风浪对船头的冲击造成了主机超负荷运转，不得已我们将主机负荷降到了满负荷的95%，此时的船速也由15节随之减到了12~13节。

由于前面的西南方向有一个6~7米的涌浪区正在沿南纬55°向东移动，在此涌浪区的后面又紧接着一个更大的涌浪区，中心涌高达到9~10米，所以我们决定直插前一个涌浪区的前部，吃点小涌浪而躲开后面的大涌浪。

我们从11月11日午夜0时许，就开始调整航向至180°，向正南方向行驶，试图以最近的距离、最短的时间横穿西风带。如果我们的船速能快一些，我们完全可以抢在这个小涌区的前面穿过去，但是按照目前的这种状况，想提高船速已经是不可能的事了。以现在的速度推算，我们在未来的24小时内将要和这个小涌浪区的中心，也就是涌高最大的地方，碰个正着。

11日下午，风涌开始增大，而且天气海况的恶劣程度有进一部增大的趋势，风已到了7~8级，涌高也达到了3~4米，海面的白浪开始被风撕成丝状，船头上下颠簸的幅度也明显加剧。

巨浪拍击着船头

这几天，餐厅里冷清了许多。每到吃饭的时间，平日里座无虚席的餐厅，现在却变得空空荡荡了。去那里就餐的人大部分是船员，而很多科考队员都蜷缩在自己的房间里，逃避着饭菜那股令晕船者反胃的"怪味"。

其实船身不停地摇摆让船上的每个人都感觉不太舒服，只是程度不一样。船员们适应能力较强一些，更主要的是船员为了船舶的正常航行还有许多日常的工作要做，所以一如既往地到餐厅就餐也是必须的，大家只能根据胃的舒适程度来调节自己的进食量。餐厅里的餐桌上也铺上了防滑垫，以防止大家在吃饭时面前的饭碗"不翼而飞"。

这几天，后勤人员对船上的伙食结构做了特殊的调整，饭菜以清淡为主。厨师们为晕船人员每餐都准备了面条、稀饭等，让大家在饭菜难以下咽的这些日子里多少也能吃两口。队领导也经常到晕船特别厉害的队员房间里进行慰问，并劝慰晕船人员要多进食，毕竟大风浪过去尚需时日。

此时的晕船者，大多静卧在床，精神不振、面容憔悴。正如"晕船十字歌"里所描述的那样："一言不发、二眼发呆、三餐不进、四肢无力、五脏翻腾、六神无主、七上八下、九（久）卧不起、十分难受"。其实，他们何尝不想多吃点东西呢，怎奈饭还没到嘴边就想吐了。"雪龙"船实行的是"共产主义"，吃住都不用花钱，因此大家就把晕船时的呕吐笑称为"交公粮"。

有时，晕船者吐到没东西可吐时还在不停地作呕，那可真是痛苦万分，用"生不如死"来形容此时的感觉，一点也不为过。晕船人经常问的一句话就是："这西风带什么时候才能过去啊？""什么时候才不摇了啊？"有经验的队员往往建议他们到驾驶台去，因为那里空旷、视野开阔、空气清新，在那里可以减轻晕船的痛苦。可是，驾驶台位于船的最顶层，往返那里势必要爬上爬下，晕船的人谁又能过得了楼梯这一关呢。梯道本就狭窄，有种令人压抑的感觉，一级级的台阶让人眼花，若此时船身再颠簸摇摆，上下楼梯就会像腾云驾雾一般，感觉脚底时轻时重，即使不晕船的人也会被搞得迷迷糊糊的。在不少晕船人看来，与其在楼梯口"倒下"，还不如"倒"在自己的床铺上。

此次西风带中晕船者众多，晕得最厉害的要算是"直九"直升机机长齐焕清了。他曾随第二十二次南极考察队乘坐"雪龙"船到南极执行过飞行任务。那时，一路上的风浪并不算大，但他却吃尽了晕船的苦头，船还没怎么摇晃，他就已经倒下了。这一次，在如此大的风浪里，足可以想象他已经晕成什么样子了。

　　船行平稳时，他来到了驾驶台，向我们谈起此次他的晕船经历。他说自从离开了弗里曼特尔港，他就没从床铺上下来过，整整7天没吃东西，也不排泄，一直坚持着"船动我不动，船不动我动"的原则。几天下来，本显清瘦的他，看上去好像又瘦了许多，防晕贴始终不离耳后。

　　对于我们这些照常吃睡的人来讲，很难想象他经历了一场怎样的痛苦，那7天里的每一分每一秒是怎样熬过来的。我们也曾尝到过晕船的滋味，以前也曾被摇吐过，但从来没有晕成他那样的。见他有些死后余生般的欣喜，我们就跟他打趣道，前面又要有大风浪了，可能船摇晃得还要厉害。没想到他竟乐呵呵地说，没关系，船摇晃得再厉害我也不怕，对我来说，船摇摆3°和摇摆30°是一样的，反正是个晕！

　　在西风带中航行，我们常以船体左右的横摇幅度来形容受大风浪侵袭的程度。而此次，西风带中的风浪虽大，但我们通过控制船舶的航向和航速很好地避免了船体的大幅度横摇，此次最大的单侧摇摆幅度在20°左右。

船身摇摆击起的巨浪

从技术上说，我们采用的是偏顶风浪航行的方法，由于大风浪的真实存在，在船体的纵向和垂向上的摇摆和颠簸还是不小的，但这样的摇摆幅度毕竟比横向摇摆幅度要小得多。货舱里装有块大体重的建筑物资、集装箱、大型车辆及雪橇等，若在大幅度横摇下，它们很有可能挣脱铁链的束缚而产生横移，造成的后果不堪设想。所以在大风浪中防止船体大幅度横摇，也是我们必须首先考虑的。

过去，"雪龙"船曾有过大幅度横摇的情况，产生此种情况的原因不外乎两种：一是由于风涌的来向与我们既定的航向相去甚远，我们不能为了减轻摇摆而失去我们的方向，甚至钻进更大的涌浪区；二是为了减少在大风浪里的逗留时间，为了尽快穿越大浪区，以一定的横摇来换取船舶前进的速度，并可以减少由于正顶涌浪而造成船体纵向强度上的受损。

"雪龙"船历史最大幅度横摇出现在1993年，在它作为新船由乌克兰开回上海的途中，"雪龙"船途经南非外海时，遇到特大风浪，当时船体左右摇晃非常剧烈，单侧摇摆幅度最大达到35°。"雪龙"船的倾覆角在不同的载货状态下有不同的值，当船体摇摆时单侧超过这个值，船身将不会再由这一侧摆回到另一侧，而是直接倾覆。

在我随"雪龙"船跑过的这几个航次里，亲身经历过的最大横摇角度仅近30°。这个角度值虽没有打破历史记录，但这样的摇摆对于"雪龙"船的安全还是有相当大的威胁，同时也给船上人员的工作和生活带来了极大的不便。

我们可以通过正确的货物积载和稳性计算来保证船舶的稳性。我们将船体的横摇周期控制在15秒左右。横摇周期越小船舶稳性越好，横摇周期越大船舶稳性越差。

横摇周期

横摇周期即船体左右摇摆一个来回所需要的时间。

横摇周期越小时，船体摇摆的频率越快，这时船体就像个不倒翁，虽稳性加强了，但这么快的摇动，容易造成人员晕船、货物松散、船身散架。反之，较差的稳性会造成船舶的安全问题。所以我们将船体的横摇周期控制在15秒左右，可以兼顾以上各方面。

在船身大幅摇摆时，人的行动自由会受到极大的限制。人是站立不稳的，必须用手或抓或扶住固定的物体。走路时，人总是时而前倾时而后仰，或左倾或右斜着蹒跚前行。坐在椅子上也要小心，椅子随时会翻倒或人和椅子一起滑走。睡觉也不得安稳，手脚需并用，抵住墙壁和床沿，以防身体在床上翻滚，甚至掉落床下。

吃饭更是个麻烦事：蒸饭时饭盒里的水早就溢出一大半了，蒸出来的米饭硬且夹生，灶台上的锅也架不住了，即使是好不容易做出的几个菜，也会在突然而至的船身大幅摇摆中滑落到地板上，厨师们看着满地的菜、汤，既心疼又无奈，只能再简单整两样能吃的，让大家将就一下了。

记得第二十四次南极科考时，在西风带里，船在不停地摇摆中被一个大浪打得横摇到28°，这时深夜寂静的楼层里突然间响声四起，有碗盆的落地声、瓶瓶罐罐的滚动声、凳椅的滑动声、房门的撞击声，各种"咣当"、"吱呀"声响成一片。睡意被惊去了一大半，大家赶紧跌跌撞撞地起床查看自己房间的情况，并一边打着趔趄一边忙着收拾地板上的烂摊子。

那一次，我的房间里除了被五花大绑的电脑无恙外，其他活动的物件都不同程度地发生了位移。桌面上的东西全部自动移到了地板上；原以为放在沙发上很安全的茶杯、书本等物也飞落下来；冰箱的门大开，里面的冷冻抽屉冲门而出；原来搁置在地板上的花盆也横倒在一旁，里面的泥土散落一地，真可谓一片狼藉、满目疮痍。在身体不停地受着大风浪摧残的同时，我们的心灵也受到了无情的打击。

其实，在过西风带时心里最愁的恐怕要数船上的大厨了，因为他做的饭菜都推销不出去了。怎么办？大厨开始千方百计调动大家的胃口：除了每餐都增加面条和爽口的蔬菜之外，还从仓库里搬出红薯，做烤红薯和红薯粥，自制的"老虎菜"更是让人开胃。"老虎菜"是由黄瓜丁、葱、尖椒、香菜加上酱油调制而成的，辣、香、鲜、脆，再加上鲜艳的颜色，一下子调动了味觉，让不少晕船的队员有了食欲。大厨也会在吃饭的时候给晕船队员讲讲笑话，鼓励他们多吃保证体力。

11月12日上午，密布的乌云在头顶上翻腾着，低低的压得人喘不过气来。狂风"呜呜"地呼啸着，肆无忌惮地横扫着海面。借助着风的淫威，滔天巨浪排山倒海般翻滚

"雪龙"船高高的船头被压到水里

而来，似乎要吞噬一切阻碍它前行的脚步，它将"雪龙"船原本离水面6米多高的船头时而死死地压在水里、时而又狠狠地抛向空中。大浪冲击着船头，发出"轰轰"的震响。被激起的浪头直冲上天，飞起的浪头又被狂风横卷着重重地摔在二十几米高的驾驶台前窗玻璃上。"哗"……瞬间，驾驶员的眼前就变得一片模糊。

此时风速达到了27米/秒，风力达10级，涌高也达到六七米。船行的阻力不断增大，主机再次减负，船速已到10节。"雪龙"船前俯后仰、左摇右晃、扭动着船身在风口浪尖艰难前行。驾驶台上的船员们不敢有丝毫懈怠，密切关注着外面风浪的变化，适时调整着航向和航速。就这样，我们与狂风对峙着、与巨浪僵持着，屏气凝神、耐心地等待着气旋离去……

无限风光在险峰

外面的风向一点点偏转、气压一点点上升，预示着气旋正在慢慢地离我们远去。我们的心情也开始明朗起来。12日下午，外面的风仍然很大、涌依旧不小，但太阳从密密的云层里露出了脑袋，阳光从船的右后方斜射过来，照到被激起的浪花上形成了一道道美丽的彩虹。

这时，驾驶台里沉闷的气氛也开始有所缓解，大家的脚步也开始变得轻快。不知何时，驾驶台里多了几位"摄影大师"，手持着"长枪短炮"对准船头的浪花一通"扫射"，如同机枪子弹连发般"哒哒"的相机快门声此起彼伏。

此刻，大风浪的险恶已不再令人畏惧，西风带里的奇观倒让人赞叹。一个巨大的浪头冲天而起，直蹿上船头前桅的顶端，随后向船头两侧如扇面状展开，犹如一朵盛开的奇葩，又如一簇绽放的烟花，顷刻间便消失得无影无踪。这时的驾驶台里叫好声连成了一片，真可谓"无限风光在险峰"。大家都尽情地拍摄着西风带中壮丽而难忘的场景，记录着这次难得的人生经历，待日后慢慢回味。

狂风仍在继续吹着。下班后，我打开背风处由住区通向甲板的水密门，独自溜到室外，想切身感受一下风的暴戾。小心翼翼地挪着步，生怕一不留神整个人被大风刮到海里去，我猫着腰，向上风倾侧着身子，慢慢向右舷的风口靠近。怎奈还没等我完全暴露在风中，一个浪头便被大风席卷着劈头盖脸地打过来，猝不及防的我落得个衣衫尽湿。我扭转头，逃也似的奔了回来。

由于是顶风航行，我们在室外感受到的风力其实要大于真风的风力。视风为真风与船行风的矢量和，此时，船上的视风已在11级以上，外面的气温也降到了0℃左右，刺骨的寒风吹得人瑟瑟发抖。室外的甲板上岂敢久留，关上水密门，我赶紧折回自己的房间。

12日晚饭过后，驾驶台广播通知：第一座冰山已被发现，就在船头左前方不远处！

此时海上的能见度很好，远远地就看到一座雪白而高大的冰山正渐渐向我们靠近。驾驶台的航海日记里清楚地记录着此次首座冰山发现时的船位：南纬56° 04′ 31″，东经99° 54′ 53″。

冰山是南极海的象征，在南极周边的海域，随着夏季的逐渐来临，冰架坍塌下来的大块冰会形成各种形状的冰山，它们随着风和海流漂浮出来，一般越过南纬50° 就能陆续看到，越往南就越密集。

每年的冰情都在不断发生变化。2007年中国第二十四次南极科考时，"雪龙"船就是一路高歌猛进，直到南纬

形如狮身人面像的冰山

62°才看到第一座冰山。这次考察虽然比以往的出发时间提前了1个月，从遥感影像图上看冰情也比去年严重，但是按照常理来说，在这条航线上一般在56°左右是很难遇到冰山的，所以队员们竞猜发现第一座冰山的纬度大部分集中在南纬58°左右，显然，他们要与"大奖"失之交臂了。

不过，此时已没人关心冰山竞猜的结果谁胜谁负，观赏冰山要紧。虽然有大风和大浪，不少队员还是冲上了甲板观看。只见不远的前方，一座如圆桌形状的冰山矗立在天边，露出海面的高度约有四五十米，按照冰山海面上与海面下一般为1:5~1:7的比例来看，这座冰山可能有两三百米高，也算是个庞然大物了。不过与茫茫大海相比，这座冰山却显得有些渺小和孤单。驾驶台里更是人满为患。晕船的人似乎已经忘却了晕船的痛苦滋味，拿着相机四处奔跑。

第一座冰山的出现预示着风大浪急的西风带即将过去，航行较为平稳的冰区即将到来，这不免让晕船的队员兴奋与激动，一个个犹如获得重生。晚饭时，冷清了几天的餐厅也变得热闹起来，几天的晕船让不少队员体力几近崩溃，精神状态的回升为他们带回了饭量，这一顿晚饭恐怕是他们这半个多月来吃得最香的一次了。

这一次的西风带，我们总算是又一次成功地闯了过来，除了大家承受了颠簸之苦和部分人员遭受到晕船的困扰外，其他一切还算正常。与面目狰狞的西风带相比，冰区似乎要和善得多，但其中潜在的航行危险，却是船员之外的人鲜为知晓的。对于"雪龙"船来说，若把西风带比喻成"龙潭"，那么冰区则可以形容成"虎穴"。

在冰区，极地海雾、极地海冰、冰山、极地暴风雪、水里的暗流礁石等都会给"雪龙"船的安全航行带来极大威胁，也就给船舶操纵人员带来了严峻的考验。尤其是

远望冰山

冰山，虽然"雪龙"船具备一定的抗冰能力，但是在南纬60°以南漂浮的冰山，大部分是南极冰架坍塌之后掉落下来的，小的就有百米之高，大的就更不用说了。

这些冰山别说撞到，就连刮擦到也会让"雪龙"船受伤严重，而本来航海可用的雷达在冰区一扫就是一片密密麻麻的斑点，丝毫不能辨别出哪个是冰山哪个是浮冰，只有通过驾驶台操作人员的24小时瞭望来主动躲避冰山。夜幕来临时，"雪龙"船头两个强力探照灯警惕地扫视着船只航行区域及更远的海面。此后，船长和值班的船员不知还要度过多少个难熬的夜晚了。

长长的冰山

冰区航行

无暇赏冰山

驶过西风带的涌浪区，船也平稳了许多。风浪小了，但冰山和浮冰却逐渐增多。

厚而密集的浮冰

蓝 冰

在南极大陆周围，越接近大陆的边缘，冰厚变得越薄，并伸向海洋。在海洋，海冰浮在水面上，形成了宽广的冰架。也就是说，冰架是南极冰盖向海洋中的延伸部分，这些冰架的平均厚度为475米，最大的冰架是罗斯冰架、菲尔希纳冰架、龙尼冰架和埃默里冰架。加上这些冰架，南极大陆面积可增加150万平方千米。规模巨大的冰架是南极特有的景观，冰架能以每年2 500米的速度移向海洋，在它的边缘，断裂的冰架渐渐漂移到海洋中，形成巨大的冰山。

埃默里冰架　　　　　　　　　　　　　　　冰架奇景

从冰架或冰川边缘断裂下来不久的冰山通常是平台状冰山，它们的顶部非常平坦，呈桌面状延展，甚至可以作为轻型飞机的机场。它们常常高于水面几十米，而水面以下可达两三百米。从远处望去，它们洁白的冰体、壮美的身姿，常常给人留下永生难忘的记忆。随着不断的消融，冰山会进一步地分裂、翻转、坍塌，再加上海流海浪的作用，会形成各种形状的小型冰山。

南极的冰山有时非常巨大，远远超出人们的想象。1956年11月12日，美国破冰船"冰川"号就在南太平洋斯

中间镂空的冰山   中山站附近的大冰山

科特岛以西240千米附近发现一座冰山，长335千米，宽97千米，面积达31 000平方千米，相当于比利时一个国家的面积，是当时世界大洋上发现的最大冰山。此后，1958年冬天，美国破冰船"东方"号在格陵兰以西的大西洋洋面，发现一个面积360平方千米的冰山，高出海面167米，是至今发现的最高的冰山。

南极冰山在南大洋水域的运动与大气环流、表层水流相一致，在南极岸边，冰山的漂移取决于海流，这里冰山的漂移轨迹常常形成闭合式圆环。在南极沿岸流的北边，冰山漂移逐渐过渡到北向，然后进入南极环极流的稳定区。

由于受到水文气象要素的综合影响，冰山运动相当复杂，当冰山海面高度为数十米，吃水深度达500米时，它们的漂移速度，甚至于在漂移方向上都与海冰不同。一些单独的冰山由于它们的体积和形状不同，即使在同一海区，也会使它们的漂移方向和漂移速度各不相同。

在南极沿岸流区域，冰山漂移的平均速度约为每小时500米；在南极环极流区域的漂移速度略高一些。冰山运

冰舌

冰舌是由冰川冰沿着地表或冰面向雪线以下缓慢移动而形成的。冰舌区是冰川作用最活跃的地段。

动速度可能超过海冰运动速度，其原因是冰山高度大，风对冰山运动会产生较大的影响。同样原因，冰山的漂移速度可根据风力大小和合成风速与表层水和冰块总运动方向的相对位置，一般速度不超过每小时2千米。无风条件下，冰山运动通常比冰块和表层水的运动要慢。当风向变换或者存在水下逆向海流时，漂浮冰山可能在与海冰漂移的相反方向上运动，这种现象在南极地区并不少见。

在南极沿岸分布的冰山中，有的是从冰川口的"冰舌"上刚分裂下来的"新生冰山"，这些冰山的重心很不稳定，容易发生翻滚和倒塌。在夏季，气温升高，冰山消融变酥，也会使其发生塌落或崩裂，在2月底这一现象更为多见。在南极中山站沿岸的冰山群附近，就经常会看到冰山的塌落和听到冰山崩裂的响声，巨大的冰体从50~60米高的冰山上塌落入海，可以掀起3~5米高的涌浪，这为在其附近活动的船舶带来了巨大的危险。1998年2月，中山站附近一个体积巨大的冰山发生翻转，距离它几千米的万吨级"雪龙"船竟然左右摇摆到十几度。

中山站码头边的冰山

有的"金字塔"形或尖顶形冰山，其水下部分伸出巨大的底盘，有的甚至远处看上去为两座冰山，而实际上是连在同一个底盘上，这类冰山在水下的伸出部分就像暗礁一样，给距离较近的船舶带来极大的威胁。所以，即

对 峙

使拥有现代化的航行保障手段，不论在远海还是在近岸，冰山仍然是南极海域航行与作业的重要障碍之一，对现代化的考察船构成了威胁，因此，当其他队员为迎面而来的冰山欢呼雀跃时，船员们却无暇赏冰山，时刻谨记着"小心驶得万年船"这句千年古训。

但不幸的是，当"雪龙"船时不时擦碰着浮冰而发生船体震动时，浓雾也随之而来，严重阻碍了船员瞭望的视线，给驾驶船舶带来了更大的风险。

使海上能见度降低的天气主要有：雾、雪、雨和霾等。在南极地区，能见度主要是受雾和雪的影响。在南大洋大范围被海冰覆盖或冰水相间的洋面上，容易形成大雾天气。海雾一般分为三种：平流雾、辐射雾和蒸发雾。每种海雾的特点和形成的物理机制不同，在南极的低纬度地区，由于暖湿气流充分，容易形成持续时间长、浓度大的平流雾；在冰盖和大浮冰块上，由于冰雪面的强辐射冷却，容易形成稳定的辐射雾；在浮冰区的海雾一般是蒸发雾。平流雾是人们通常所说的海雾，其形成的物理机制是由于暖湿空气流经冷的洋面或近地层温度降低，使大量的水汽凝结而形成的。这种海雾多出现在低压或气旋的前部。

突然而至的浓雾

　　当雾出现时，船既要保持高速航行，又不能撞击大块浮冰，更不能与冰山有任何亲密接触。在这样的情况下，值班船员的心都提到了嗓子眼儿，透过迷雾、瞪大了双眼紧盯着船头仅现的几百米甚至几十米远的海面，心里忐忑不安，不知道什么时候就会有突然出现在船头的浮冰和冰山让人措手不及，真有一种在漆黑的夜里狂奔于灌木丛中的感觉。

　　船舶于冰区航行，在能见度不良的情况下，正确使用雷达来监测海面成了航行中不可或缺的重要手段。但是，在冰区，雷达的使用有其局限性，在船周围的三四海里以内，雷达可探测到浮冰群，但是雷达无法识别浮冰个体的大小与厚薄。在近距离范围内，冰山若混在浮冰里，从雷达的影像上很难将浮冰与冰山区分开来，而容易造成船舶与冰山碰撞的危险。

　　不仅如此，在高大的冰山后方，因为雷达探测不到，因此在雷达的影像上则是一片空白，很容易让人误认为这片空白区就是密集浮冰区中难得的清澈水道，而将船头对准它直奔而去。我们就曾有过这样的经历，当时，雪龙船就是这样在浓雾中对着这样的"水道"疾驰而去，在朦朦

雾锁南大洋

遮天避日

朦胧中，驾驶台值班人员隐约见到船头垂直方向上白茫茫的一片直逼过来，一眨眼的功夫，一座近在咫尺、高耸入云的巨大冰山已矗立在眼前，幸亏驾驶员紧急转舵快速调头，才躲过这一劫，但这惊险的一幕还是令所有的在场人员惊出了一身冷汗。

穿越浮冰区

2008年11月14日，我们沿着南纬60°左右的纬线向西航行，已快到中山站所在的普里兹湾的湾口了。路上的那第二个气旋由西向东移动，在这里和我们碰了个正着，此时气压达到940百帕，风力11级，阵风已达12级以上，原本蓝色的海面已被让风吹成泡沫状的浪花完全覆盖了，只见到处都是白茫茫的一片，狂风呼啸着，夹着大雪向"雪龙"船横扫过来，船也被大风吹得斜向了一侧。好在此时涌不大，船还算平稳，只是船舱外鬼哭狼号般的风声着实有些吓人。

南设得兰群岛

南设得兰群岛是位于太平洋南部、南极半岛以北海域的一组岛屿，由11个较大的海岛和许多岛礁组成。南设得兰群岛处于南极区域边缘，是唯一跨越60°纬度线的极地群岛，本身具有重要的科学研究价值。它又是从南美洲进入南极科考的必经之地，是各国科学家青睐的科学考察基地。

经过一天一夜的抗风，终于在第二天的下午，我们又见到了风平浪静的一幕，只是海面上的浮冰越来越密集。傍晚，"雪龙"船的周围已是10成冰，见不到一点清水，大块的浮冰紧紧地挤在一起。浮冰对船的阻力相当大，船速因浮冰的阻滞也是一降再降，有时甚至降到了0节。我们也将主机的清水工况转换成冰区工况，以期让船得到更大的前进推力。在船停滞不前的时候，我们只能采用先倒退再前冲的方法了。显然，在这种情况下，我们前进的速度会受到限制，我们的船期也因此会受到影响。

在南极海域航行的主要障碍来自于海冰。在南极夏季的10月，海冰的平均北界大约在南纬60°附近；在夏季末期的2~3月初，海冰的北界在各个海域都在南纬65°以南。海冰的厚度一般在1.5米左右，有的海区在2米以上。海冰大都为当年冰，有的海域存有多年冰。在每年10月至翌年3月的可航季节里，海冰的密度在各海区分布不一，并随时间的变化而变化。海冰的漂移方向也同样受南极海域海流流系的影响。在外海，其漂移方向总的趋势是由西向东；在南极大陆沿岸，其漂移方向比较复杂多变，但总的趋势是由东向西。海冰的漂移速度一般在0.2~0.5节；在海流较大的海域，其漂移速度可达0.5~1.0节；在大风天气，海冰的漂移速度也随风力的加强和风时的延长而有所加快。

在我国南极长城站所在的南设得兰群岛附近海域，一般在12月上旬，海冰即可断裂。到了12月中旬，湾内很少或几乎没有海冰漂浮，船舶可以畅通无阻地进出。在南美

海水冻结在船体上

洲与长城站之间的德雷克海峡，也很少有海冰影响航行，但有的年份也会有不连续的3~5成的冰区分布，对船只的航行与作业造成一定影响。

　　而在我国南极中山站所在的普里兹湾内，一般到12月中旬，湾内就有开阔的水域，但在普里兹湾口，却有较大范围的6~8成的冰区分布，这对进入普里兹湾的航行有较大影响。在翌年1月份，普里兹湾内的海冰变化很快，一夜之间海冰可以封住湾口，7~8成的海冰向北分布达10海里以上；一夜之间，海冰又可能消失，露出开阔水域。普里兹湾的海冰总是处在不停地变化之中。在气旋过境、东北风较大时，湾口海冰变化加快、加剧。普里兹湾内的海冰漂移方向大都由东北到西南再转向西北，几乎沿着普里兹湾的地形走向运动。外海的海冰对普里兹湾的冰情也有着极大的影响。船只在各个月份中进出该湾，都可能受到海冰不同程度的阻碍。

德雷克海峡

　　德雷克海峡位于南美南端与南设得兰群岛之间，长300千米，宽900~950千米，平均水深3 400米，是世界上最宽的海峡，其宽度达970千米，最窄处也有890千米。同时，德雷克海峡又是世界上最深的海峡，其最大深度为5 248米。表层水温冬季为0.5~3.0℃，浮冰可漂浮至南美南端；夏季为3.0~5.5℃，无浮冰。表层水富含磷酸盐、硝酸盐和硅酸盐，自北向南递增。这里是世界上已知的营养盐丰富，有利于生物生长的海区之一。

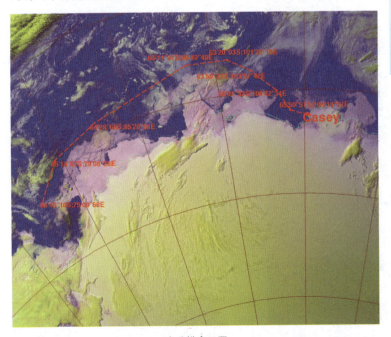

高分辨率云图

南极圈

南极圈就是南纬66° 33′纬线圈。这是南半球发生极昼、极夜现象最北的界线。南极圈以南的区域，阳光斜射，虽然有一段时间太阳总在地平线上照射（极昼），但正午太阳高度角还是很小，因而获得的太阳热量很少，为南寒带。南极圈是南温带和南寒带的分界线。

夕阳下的冰山

我记得，在"雪龙"船早期的几个航次中，船一旦进入了浮冰区便没了方向，只知道一个劲地向前冲，全凭驾驶台值班人员的眼睛在目力所及的范围内搜寻可供"雪龙"船航行的水道或浮冰比较稀疏的区域。这样的方法未免太落后，效果也不甚理想，往往导致"雪龙"船误入浮冰比较严重的区域而不能自拔。而现在，我们通过每天接收卫星传送的高分辨率云图，并根据云图上浮冰的真实分布情况来制定冰区航线，这为"雪龙"船在冰区航行提供了不少方便。

此次，我们遇到的这片密集浮冰区是一条十几海里宽的浮冰带，没有必要去绕行，直接穿越过去后，前面的路就比较好走了。

这几天，船钟一直在拨，为了在到达中山站之前，让船用时间与站用时间相一致，我们需要调拨时间。弗里曼特尔港使用的是东9区时间，而中山站使用的是东5区时间，两者相差4个小时。所以，在这一路上，我们用了4天的时间，将这4个小时的时差倒了过来。对于倒时差，有些人很不适应，所以这两天，对于那些一吃过晚饭就犯困而凌晨三四点钟就开始起床活动的行为非常可以理解。其实这还算好，我们以前执行一船两站任务时，船往返于中山站和长城站之间，需要倒9个小时的时差，船到站后的一段时间里，可真正称得上是黑白颠倒的日子。

11月16日，船时的21时40分，"雪龙"船向南跨过了南纬66° 33′的南极圈，这时我们才算是真正进入了南极。在现在这个季节，南极已没有漆黑的夜晚，即使在深夜天都是亮着的。午夜时分，在正南偏西方向上，红彤彤的太阳带着落日的余晖渐渐向地平线靠近，在地平线的上方，太阳掠过正南的最低点，划出一道弧线，于正南偏东的方向上又慢慢升起，就这样，太阳在一天的24小时内总是盘旋于天空，把南极照得透亮，这就是所谓南极的极昼。这对于航行来说大有裨益，但这对于睡觉休息就不是什么好事了，窗帘拉得再严也挡不住投射进来的强烈光线，很难让人安然入睡。而且，当人们一觉醒来，或熟睡之时突然被电话声、敲门声等惊醒，看到明亮的卧室，竟不知此刻是白天还是晚上，看到时钟的指针也不知其指的是上午还是下午，脑袋里一片混沌，好长时间都缓不过神来。

　　"雪龙"船在浮冰里继续向前航行，在距中山站90海里的地方，前面出现了一大片开阔水域。晴空万里、风平浪静，海面上干净出奇，竟没有一点点浮冰，只有形态各异的冰山携着水中美丽的倒影不时地从船边掠过。我们滑行在如丝绸般平滑的海面上，穿梭于壮美的冰山之间，如同步入了仙境。我们尽情享受着南极特有的迷人的风景、享受着航行中难得的静谧与悠闲。我们惊

> ### 极 昼
> 　　极昼指的是在地球的两极地区，一日之内，太阳都在地平线以上的现象，即昼长等于24小时。如果太阳直射点在哪个半球，那个半球极圈到极点地区就会出现极昼现象。

难得静谧的南极海面

浮冰侧影

叹于大自然的鬼斧神工竟将冰山雕饰得如此奇异而壮观。随着我们视角的变化，冰山的形态也发生着变换。洁白的冰山有如高大的建筑，美轮美奂；有如可爱的动物，栩栩如生。我们充分发挥着各自的想象力，把它们想象成自己心中最美好的事物，感觉此时的冰山少了几分险恶而多了几分柔美。

搏击乱冰区

通过一段酣畅、舒适的清水区航行后，"雪龙"船于2008年11月17日9时30分止步于中山站北面30海里处。此时，在"雪龙"船船头方向出现了一大片冰原，放眼远眺，在这片冰原南面的尽头，中山站所在的拉斯曼丘陵清晰可见。南极大陆被冰盖覆盖着，宛如一位披着洁白盛装的少女静卧在那里，冰盖的顶部带着光滑而柔美的线条向东西方向延伸开去，连绵不绝。这里，万籁俱寂，在眼前的这片冰原上，零星散落的海豹慵懒地躺在雪地里享受着温暖的日光浴，成群的企鹅在冰面上或立或卧或蹒跚

比翼齐飞

而行，天空中几只贼鸥、信天翁及雪鸽无声地盘旋着。偶尔几声落单企鹅的鸣叫声让这片天地更显寂静，让人有种鸟鸣山更幽的感觉。经过近一个月艰苦的海上航行，我们终于顺利抵达南极大陆的脚下，终于看到了南极这如诗如画的美景。

然而，我们无心观景，因为我们还有更重要的任务

要去完成，我们马上就要与中山站外的陆缘冰短兵相接了。尽管南极海冰为航行带来了巨大的困难，但沿岸结实的海冰也可以为近岸考察站的物资补给提供方便：输油时在从船到考察站之间的海冰上架设输油管，比起等海冰融化后用小艇卸油又快又省事；将物资用吊车放到冰面上，用履带式雪地车可以直接拖到考察站，甚至有些大型车辆可以从海冰上直接开到岸上，这也可以为科考节省出宝贵的时间。

因此，怎样制订一套可行的破冰计划，让"雪龙"船冲入中山站外的平整固定冰区，并尽可能接近中山站，在预定的时间内卸下全部南极物资，是科考队面临的一项重要挑战，但这显然不是件容易的事。由于这次考察任务重，我们提前一个月从国内出发，到达南极的时间也比往年提前了近一个月，但这里的冰区范围尚未缩小，冰情相当严重。以往我们到达这里时，距中山站只有十几海里才会遇到陆缘冰，而这一次，陆缘冰已延伸到站外30海里处，且冰的种类地貌复杂，冰的厚度超常。

陆缘冰

陆缘冰一般是指位于南极大陆边缘、与大陆相连的浮动冰层，通常是在由冰河流入海洋的过程中形成。陆缘冰本身的解体融化对海平面不会产生直接影响，但随着它的解体，原先受其保护的冰河等往往会加速融化，这不仅会导致海平面上升，还可能对洋流循环和气候变化产生影响。

艰难的破冰之路

按照惯例，我们先派出"直九"直升机起飞前去勘察冰情。经过几个小时的飞行，直升机勘测的结果是：这个湾子里全部被冰覆盖，附近没有任何水道或薄冰区可供雪龙船前行。平整的固定冰的边缘位于南纬69°处，从那里到"雪龙"船目前所在的位置之间是6~7海里的密集浮冰堆砌而成的乱冰带，乱冰带崎岖不平、高高低低，其中一些厚重的冰块交叉重叠，紧密地挤压在一起，里面还暗藏有不少的小冰山，在这乱冰带的上面又积压着厚厚的一层雪，这样的冰带结构显得有些坚不可摧。更何况，整个乱冰带的厚度达到了3~5米，显然已远远超过了"雪龙"船的破冰能力。然而，为了能到平整的固定冰上卸货，我们必须跨过这道坎。

经过队上人员的仔细勘察，这道乱冰带由近至远由三道不同地貌形态的浮冰带组成："壅塞碎冰堰"（一条宽8千米的碎浮冰条状冰带，冰厚1.5米，冰上积雪1米，由于风力作用形成，结构极其紧密）、"冰块重叠带"（一条宽3.7千米、由数重冰块水平叠置而成的狭长冰带，冰厚3~5米，冰上积雪0.5~1.0米）和"网格状冰脊带"（一条3.3千米宽呈网格状分布的狭长冰脊带），这三种海冰地貌形态与性质各异，冰厚都超出了"雪龙"船的直接破冰能力。同时，11月份以来，南极绕极气旋活动十分活跃，中山站地区降雪量大大超过往年，仅降雪天数就多达23天，比历年平均11天的数值高出一倍以上；考察队到达后接连遭遇四个低压系统的影响，持续强降雪，接岸海冰覆盖了厚达70厘米的积雪，是历年最严重的，大量的积雪严重削弱了"雪龙"船的破冰能力。

其实，"雪龙"船自身并没有特殊的破冰装置，靠的就是坚固的船头钢板和主机的推力，利用船的速度和冲击力将船头的冰冲破、压碎，第一次不行，后退再前冲，进行第二次、第三次，如此反复，在冰里奋力冲出一条航道。

　　"雪龙"船的船头和寻常船舶不同，不是尖的也不是钝圆，而是有一个倾角，专为破冰设计。并且船头和冰体接触的是极其厚的铸铁，船体其他部位最薄的钢板也有22毫米厚。遇到冰阻时，可以采用冲撞冰面的方式破冰前进。也就是用较快的速度冲撞冰面，如果一次冲不开，可以倒船后退一定的距离，再加速前进，反复冲击，破冰前进。

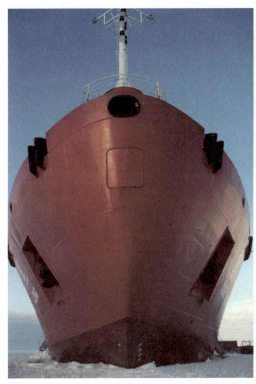

图组："雪龙"船雄姿

　　待到破陆缘冰时，"雪龙"船将会显露"啃冰"本色。在"雪龙"船还未"服役"南北极科考前，我国曾有"极地"号考察船等承担极地考察任务，当时采用炸药来破陆缘冰，结果只是炸了几个洞，拿高压水枪，也只能冲掉上面厚厚的一层积雪而已。露出的冰体依然顽固。陆缘冰到底有多硬？考察队里见识过的人说，拿铁家伙去砸，也就能留下个"指甲印"。而"雪龙"船破1米厚的陆缘冰时，航速可达每小时1.5海里。

遇到特别厚的陆缘冰，"雪龙"船有时也难免"啃"不动，有的时候一小时才能拱100多米。这时候就会寻找陆缘冰的薄弱环节，迂回前行。总之，就是为了能够到达离中山站最近的海冰区，为卸货创造有利条件，为考察打下良好的实施基础。

我们已没有其他的任何办法，只能硬着头皮往前闯了。否则，货卸不了，内陆物资上不去，就直接影响内陆建站的整个计划，内陆建站可是此航次任务的重中之重。

11月17日晚上20时，我们尝试着将"雪龙"船冲向这片乱冰区，没想到乱冰区外围仅几百米宽的游离着的密集浮冰带就给了我们一个下马威。浮冰对船的阻力很大，船还没前进百米就停滞不前了，无奈后退准备再前冲，不料船头刚被挤开的浮冰又卷土重来，把刚做好的水道填埋得水泄不通。发出第二次、第三次冲击后，发现结果并没有任何的改观。密集的浮冰如同跟我们打起了太极，船进它就退、船退它就进。看来要想进入乱冰区，首先必须把附着在其边缘密集的游离着的浮冰赶走。

18日下午，在确定了破冰方案后，我们继续向浮冰发起攻击。"雪龙"船在清水和浮冰区交界线上斜切冲入冰区，走弧线再斜切冲出，船体将切割和分离的成片海冰顺势带入到清水里，以此来削弱浮冰的密集程度并使船身逐渐向冰区内部深入。随着船体不断地向前推进，"雪龙"船旋回的范围越来越小，我们"挖"冰的方法已不再适用，现在只能沿用原来直进直退的破冰方法了。经过两天的不停破冰，我们终于突破了"壅塞碎冰堰"的防线。

11月20日，"雪龙"船进入破碎冰块叠置而成的"冰块重叠带"，船体进冰容易、后退困难，频繁的大功率后退对"雪龙"船螺旋桨尾轴造成极大的负担，向后拉力导致了尾轴密封漏油。总结多次卡船经验之后，考察队采取了同时开辟两个航道前后推进的破冰办法，如人挪步，左右两个航道交替前行，精确把握船体对冰的撞击速度与角度，艰难地通过这条3.7千米宽的"冰块重叠带"。

11月23日，"雪龙"船进入"网络状冰脊带"。作为"雪龙"船经历的最坚固、最复杂的海冰，其带内冰脊密度很大，有许多高出平均冰面2~5米的冰脊，冰脊的构成除多年海冰外还夹杂着冰山的碎块，水下有冰龙骨，冰脊网格内结着当年海冰，冰厚与硬度通常随距冰脊远近不同而变化很大。"雪龙"船曾尝试直接撞击冰脊但难以奏效，纵横交错的冰脊带又给"雪龙"船航行构成了极大的限制与困难。考察队对航线方向60°方位范围内的冰脊区进行了钻孔取样、雷达探测等海冰调查，利用直升机开展了更大范围勘查，了解冰情和冰脊的走向，千方百计寻找冰脊的空隙或薄弱环节从侧面或背面设法"移走"或"绕开"冰脊，经过8天的艰难破冰，"雪龙"船终于在12月1日凌晨"移开"最后一个冰脊，突入相对平坦的接岸海冰之中。

我们终于冲破了乱冰区的封锁线，终于又一次把"不可能"变成了"可能"！但此次的胜利来得是如此的不易，期盼已久的人们又再次齐聚雪龙驾驶台，分享着成功的喜悦。

革命尚未成功，我们仍需努力，接下来更多的硬骨头，我们还得一个一个地去啃。此时，"雪龙"船距中山站还有22海里远，我们必须马不停蹄地向中山站破冰进发，以便在有限的时间内缩短船、站之间的距离。接岸海冰虽比较平坦，但它的阻力也不可小觑。1.2米厚的冰加上冰上70厘米的积雪，一方面吸收着船的破冰能量，另一方面又极易造成卡船而使船进退不得。为了防止船被冰卡住而耽搁破冰时间，我们不得不采取更有效的破冰方法，控制好船的破冰力度，边拓宽航道边前行，这样致使"雪龙"船的破冰速度仅有100米/时左右，这是这一区域历年破冰速度最慢的一次。我们前行的脚步虽慢，但我们毕竟正在一点一点地向中山站靠近。

搏击乱冰区

　　经过几天在固定冰中的破冰航行，我们发现，这一季节的雪面融水和高温海水同时加速了海冰的消融过程，且冰上探测结果显示，中山站向外的海冰全为湿海冰，海冰强度大大降低，这将大幅增加考察队冰上卸货作业的安全威胁和风险。

12月5日，"雪龙"船停止破冰，全面开展冰上卸货作业。由于南极的天气变化无常，晴好天气短暂，我们必须抓住一切有利时机进行考察物资卸运工作。我们的卸货人员也不得不连续工作十几个小时甚至二十小时以上。

此次物资的运输主要是通过空中运输的形式进行。在此期间，"直九"直升机执行了冰情侦查与考察人员和物资运输等任务，卡-32直升机执行了从"雪龙"船向中山站和内陆队集结地运送人员、桶装油料、雪橇和内陆建站物资的空运任务。

图组："直九"直升机

12月16日完成了第一阶段物资卸运工作和内陆队物资集结。为全力保障内陆建站等科考任务，考察队邀请俄罗斯考察站海冰专家会商冰上运输方案，成功打通了一条从"雪龙"船到中山站的冰上运输通道，将两辆无法空中吊运的雪地车及时运达冰盖队出发基地，解决了内陆考察运输的一大难题。同时，考察队先后派遣了3支先遣车队，

卡–32直升机起吊重型物资

"直九"直升机 – 力的组合

深入南极内陆250千米提前布放油料和物资，成功减轻了内陆车队起步负荷和陷车风险。

12月21日，"雪龙"船在胜利完成了第一阶段的各项任务后，调转船头离开中山站驶往澳大利亚的墨尔本，在那里将再次装运南极物资回到中山站，执行本次考察第二阶段的各项任务。

在21日"雪龙"船撤退时，我们又遭遇了一场海冰的阻击战。自21日中午至22日凌晨，在固定冰中，我们花费了12个多小时才艰难地将船头调转了180°并驶回到我们原先进来时的航道，本以为我们可以就这样毫不费力地沿着原航道快速地冲出去，谁知还没走多远，船就停滞不前了。原来，我们的航道在这几天里又被冰封堵得严严实实了。难道还需要我们利用"拉锯"式的破冰方法再向外突围吗？越来越紧张的时间和船用油料不允许我们这样去做，尤其是所剩无几的船用油料，我们还要靠它将我们带回到墨尔本呢。正在我们一筹莫展之际，我们突然得到消息俄罗斯南极考察船"费得罗夫院士"号（AKADEMIK FEDOROV）正向我们驶来，这艘船是为了给中山站附近的俄罗斯进步二站运送南极物资而来到这里的。最后，我们借用俄船的航道而逃离了这片冰原的围困。这次多亏"费得罗夫院士"号替我们解了围，否则，我们真不知该如何面对这样的困境。

巧遇俄罗斯破冰船

冰中的伙伴

冰海沉车

"雪龙"船一年一度前往南极的一项重要使命是运送新越冬队员，接回已在那里苦守一年的老越冬队员，这次也不例外。在与第二十五次南极考察队的越冬队员完成交接后，第二十四次南极考察队的部分越冬队员回到了"雪龙"船，继续参与本次考察队的有关工作。

24次越冬队的中山站站长徐霞兴是位老南极了，他作为中国极地研究中心一名普通的机械师，于1991年开始参加南极工作，至今已近二十年。他常年工作在中国南极考察的现场，先后参加7次南极考察，4次内陆考察，积累了丰富的南极野外考察机械设备使用和南极任务现场组织

中山站站长徐霞兴
唐德培供图

东南极

呈东南至西北走向的横贯南极山脉将南极大陆自然地切割为两部分——东南极洲和西南极洲。

实施经验。此次，在其担任中山站站长期间，他的工作完成得相当出色，受到考察队领导的高度赞扬和队员们的一致好评。

12月26日，他完成了24次队越冬任务回到"雪龙"船。在船上，他给我们讲了很多他们在此次越冬期间所经历的不寻常的事。他说今年东南极不太平，几个站都出了些大事。俄罗斯和平站有一人开着坦克车连人带车一起掉进了冰海里，那个人沉入了海底最终也没能被捞起。澳大利亚的戴维斯站有一人酒后开着摩托车出了车祸，当事人现已瘫痪。今年冬天中山站附近持续了近1个月的低温，最低气温达到了-47.1℃，这种现象以前也是很少见的。异常的低温给站上越冬队员的工作和生活带来了相当大的不便。还有中山站的邻居俄罗斯进步二站着火，烧死一人，重伤二人。俄罗斯进步二站着火是因为电线老化引起的，出事那天还刮着二十几米/秒（8级以上）的大风。着火的是俄罗斯考察队员的住区。火起得很快，人都来不及逃跑。有两个人就是从楼上跳下来摔伤的。被烧死的那人是因为第一天晚上酒喝多了，到出事的时候还没有醒过来，遂被留在火海里了。后来人们只在火灰堆里找到了他的一尺遗骨。此时进步二站也正好在进行站区重建，站上的人员有二十九人之多，出事后马上点名，发现少了一人，才知大事不妙。那天进步二站浓烟弥漫，毗邻中山站的人员还以为俄罗斯站在焚烧垃圾，就没太在意。过了一会儿，有两个满脸被熏得漆黑的俄站人员跑到徐站长那里去求援，老徐才知道俄站出了大事，遂派人送上了被褥、毛毯及席梦思床垫等物，并接治那里的伤员。在寒风中内外交困的俄站人员在接到中山站的赈灾物资后感动得热泪盈眶，嘴里不停地喊着"ZHONGSHAN CHINA"。徐站长说当时的场面既惨烈又感人，至今难忘。

26日下午，徐站长带领工程爆破队对"雪龙"船船头的坚冰进行了两次爆破，试图给被困于乱冰区的"雪龙"船轰开一条出路。怎奈几十千克重的炸药如同一块小石子，对如此坚硬厚重的海冰根本起不了什么作用。经过几个小时的努力无果后，老徐一行人只能遗憾地收队回船了。

11月27日，"雪龙"船被困于乱冰区已有10天，破冰计划未见有实质性的进展，大家都有些坐不住了。昆仑站的建站任务重时间紧，不能再有任何的拖延，必须要做些新的尝试。此时，在"雪龙"

冰区爆破现场

船左侧的乱冰区中出现了一块面积不大但可以容纳整个"雪龙"船身且非常平整的浮冰。当日下午，"雪龙"船插入这块平整冰并进行冰上试卸货作业。队里此举的目的主要是卸下五辆雪地车、雪橇等一些昆仑站建站物资，由雪地车跨越"雪龙"船不能突破的乱冰区，从冰面上运送建站物资至中山站。

不知是造物弄人还是好事需多磨，就在中山站时间11月27日深夜，当冰面卸货作业正紧张进行之时，发生了一起"冰海沉车"事故。老徐的那一句"今年东南极不太平"的预言又一次得到了验证。

23时23分，"雪龙"船的广播里突然传出正在驾驶台值班的政委汪海浪急促的大喊声："船头有人落水，赶紧去救人。"这一声喊，在寂静的住舱里犹如一声惊雷，震得大家的心"砰砰"直跳，让人一时不知所措。冲出舱室，只见船头前面100米处冰面上出现了一个不大的水坑，而且有一个人正在那水坑里扑腾，两只手不停地扒着水坑边的冰沿，试图奋力爬上来。

落水人奋力爬上
冰面

看到这一幕，着实让大家惊魂不已。此时，舱面卸货的人员已开始向出事地点奔去。

23时24分，落水人竟然从水坑里爬上了冰面。令人难以置信的是，冰那么滑，泡满了海水的防寒连体服又给自身增加了相当大的重量，能自己爬上来不是一件简单的事。爬上冰面后，落水人又站立起来，但终究经历了刚才的一场劫难，体力完全透支，加上寒冷的刺激，他再也支撑不住，一下子瘫倒在地。

23时25分，水手长吴林、二副赵炎平及其他两名科考

队员已赶到出事地点。落
水人自己已挪动不了半
步，只能靠别人背着走
了。坑坑洼洼的雪地，深
一脚浅一脚，背着人往回
走，相当费力。好在后面
的救援人员带着被褥毛毯
也已赶到。他们把落水人
放到被褥上，用被褥当担
架，由八个人抬着，拼命
向"雪龙"船靠近。此
刻，时间就是生命，谁也
不敢怠慢。

凌晨3时33分，落水
的人被送回到船上进行
抢救。此时的那些营救
人员也或瘫坐在雪地上
或趴在舷梯上，一个个
喘着粗气。

距出事时已10分钟过
去了，而且当时的室外气
温为-4.8℃，落水人经过
这么长时间的低温刺激会
不会有生命危险呢？

抢救还在进行中。身
上的湿衣服被脱去，落水
人被干暖的被褥裹着，几
名实施抢救的队员用各自

图组：生死大营救

PB300型雪地车

雪地车，有时也称全地形军用输送车，是一种在雪地、山地、沼泽地、水淹地、泥泞地或沙漠地执行任务的履带式后勤保障车辆。

PB300型雪地车为德国凯斯鲍尔公司生产的中型马力车型，奔驰发动机，450马力，12升排气量。2008年11月从澳大利亚弗里曼特尔上"雪龙"船。目前在南极、韩国、法国、俄罗斯、中国都在使用。

的体温帮他从头到脚焐着。落水人全身颤抖，有些抽搐，但神志清醒，据医生诊断问题不大。

事后，我们才知道，那个落水人就是徐霞兴。而事情的经过是这样的——出事的两分钟之前，老徐独自驾驶着刚从"雪龙"船货舱里吊到左舷冰面的PB300型雪地车，试图从船头绕到右舷去拉雪橇。车刚走到船头，他突感车身下坠，知道情况不妙，便全速进车，想加速冲过去，但已无济于事。此时雪地车下方的冰体已经破碎，车陷进冰窟窿并开始下沉。打开车门跳出车外是不可能的，因为这种车在行进过程中车门是被锁死的，无法打开。车在下沉，而老徐被困于车内。海水已没过了车门，他急中生智拉开了车窗，海水便从窗户里涌进了驾驶室内。他赶紧打开了天窗，一蹬腿借着海水冲进来的那股力，从天窗里蹿了出来。在向驾驶室外逃脱的时候不知什么东西卡住了他的脚，他又立即把鞋蹬脱，人与车终于完全分离。此时的老徐已被雪地车带到了水面下方四五米深的地方，车继续向550米深的海底沉去，而老徐甩开车后竭尽全力向水面上冲去。当他的头碰到了浮冰，他又幸运地找到冰窟窿的出口，拨开了碎冰，他的头终于露出了水面。

PB300 型雪地车

　　后来大家议论起此事都觉得不可思议。冰盖队副队长夏立民说，那个救命的天窗不是逃生口，本是用于透气的，平时也不能完全打开，即便打开到最大限度也只有那么窄的一条缝，而且必须用两只手同时慢慢拧开两边的螺丝才能打开。那个时候，不知老徐哪来那么大的力气，连整个天窗都一起给推掉了。他说，老徐在逃生时所做的每一个动作都是成功有效的，要是在这里面的无论哪一个环节出了差错，人就出不来了。在这么紧急的状态下，老徐能沉着、果敢地去应对，真是令人佩服，要是换一个人，可就没那么幸运了。在"雪龙"船驾驶台亲眼目睹了这一切的政委汪海浪说，当时他们几个人在驾驶台看到老徐驾着雪地车由船的左舷跑到船头，突然看到雪地车在船头位置停止不前了，而且雪地车的履带在原地不停地打着空转，冰面上的积雪被履带卷起并四处飞溅，随即车开始下沉。这个时候，他们没有看到老徐从车上跳下来，车很快被海水和碎冰淹没了，还是没见着老徐的影子，这一下可把大家给急坏了，他们想老徐可能出不来了。汪海浪说，在雪地车消失了至少10秒钟后，才看到老徐浮出了水面，当时老徐跟着车可能一起沉下去了四五米深。在这短短的10秒内老徐完成了生死大逃亡，真是令人难以想象。

　　老徐获救后，经过短暂的休养，马上又回到中山站，再次投身到队里的工作中去了。事隔二十多天，12月23日，老徐再次回到了"雪龙"船。自从上次的事故之后，我还不曾有机会慰问他一下。因怕他心里有所顾忌，所以我也不太好开口。但老徐是位活泼开朗的人，他显然没有把这些放在心里，别人也根本看不出他还被笼罩在这件事故的恐怖阴影之中。他很乐意和我们聊这些。我问他现在身体怎么样？上次落水后，冰冷的海水对他的身体有没有什么影响？现在还感觉到身上有哪里不适？他说，其他倒没什么，一切正常，就是左手的几个手指现在还经常会麻木。手指麻木是因为上次为了能从冰窟窿里爬到冰面上，不停地划拉冰窟窿边沿的冰雪而导致的，到现在还一直没恢复。他笑着对我说，他还有两年就要退休了，他为南极事业贡献了不少，多次上冰盖、留站越冬，这一次还差一点为南极事业献身了。我们在闲聊的过程中，他还给我们讲了那次事故的一些细节。他说那天他本打算另外再找一个人跟他一起上车的，谁知先后找到两位队员，发现这两位都在休息，所以他就决定独自去驾车。他说，好在那次只有他一个人在车上，如果副驾驶座上还有一个人，那就完了，可能谁都出不来了。因为在紧急状态下，几个人的思想不统一，行动不一致，就会相互牵制，所造成的后果也就不可想象了。他还给我讲了另外一件事，就是俄罗斯和平站开车掉入海里的那个队员是俄罗斯进步二站的一位老伙计的侄子。在出事之后，这位老伙计精神上受到很大的打击，天天酗酒，很消沉。俄罗斯进步二站站长和老徐是相当要好的朋友，他就请老徐帮忙，让老徐给这位老伙计找点事做，想以此来冲淡这位老伙计内心的苦闷。那位老伙计是个机械师，所以老徐就请他帮助中山站修理坦克车，几天下来，车也修好了，这位老伙计的精神状态也好多了。老徐说，出事后，人的心态要靠自己来调整，不能沉溺其中，不能消沉，有时自己还得多给自己打打气。

"冰海沉车"事故的发生，再一次给我们敲响了警钟，让我们时刻牢记南极作业的风险。南极的白色，表面上给人以纯洁而美丽的形象，而其内含的力量，又让人望而却步、敬而远之，这样的色彩又多少给人一种恐怖的意味。

小艇突击

　　"雪龙"船现有三艘小艇和两只驳船："长城"艇、"中山"艇、"黄河"艇、"中山"驳船及"长江"驳船。这些小艇和驳船在南极的物资运输与科考方面起着不可估量的作用。

　　在长城站、中山站岸边附近水域水深较浅且暗礁林立，"雪龙"船无法接近岸边，更无法停靠在两站的码头。在船、站之间的海冰消融并出现可供艇、驳航行的水域后，这些小艇、驳船便成了物资和人员运送的生力军。它们的货物运输能力远比直升机要强，且运输成本较低。

　　"长城"艇、"中山"艇与"中山"驳船于1997年建造。"长城"艇、"中山"艇外形与结构相似，此两艇设计载货能力均为20吨，艇内设有货油舱，每次可为站上运送站用燃油近20立方米。而"中山"驳船为无动力驳，需

长城湾艇驳作业

靠拖头小艇的拖带，设计载货能力为30吨，其内部也设有
货油舱，约35立方米，此油舱因锈蚀严重现已废弃不用。

　　2007年，仿照老"中山"驳船，建造了新的"长江"
驳船。"长江"驳船在运送站用燃油及其他南极物资方面
发挥着重要的作用。为了拖带新"长江"驳船及老"中
山"驳船，同时又建造了新"黄河"艇作为驳船的拖头。

　　在繁忙的艇驳运货期间，桔红色的艇驳来回奔走
于船站之间，穿梭于浮冰之中，行走于冰山脚下，给南
极白色的世界又增添了一道亮丽的风景。在南极风和日
丽、水平如镜、浮冰稀疏的时候，乘坐着小艇领略一下
南极的风光确实是一件惬意的事。但是，在南极这样的
天气和海况不多见，更多情况下取而代之的是风高浪
急、艇驳颠簸不定、浮冰聚集而使小艇阻滞不前、常常
因触礁撞冰而使艇驳底板戳穿船体进水倾侧、冰山群中
小艇常迷失方向而不知进退，这样的情形之下，小艇的
作业危险也随之而来。

艇驳运送人员和物资

固定冰中搁置不用的艇驳

在第十四次南极考察中，"雪龙"船在长城站进行装卸货作业，水手邵云子驾驶着拖头小艇拖带着驳船，由站上返往"雪龙"船，驳船上装载着一辆旧坦克车。当艇驳快到大船边时，后面的驳船突然进水倾斜，且有下沉之势。在拖头小艇上的邵云子见势不妙，抄起旁边的太平斧，使出浑身的气力，将有手腕粗细的两根拖带钢丝绳连根砍断。此时，后面的驳船和坦克车迅速沉入水下，而前面与驳船已经脱离开的拖头小艇及艇上的人员安然无恙。此次，好在处理及时，否则，一起艇上人员伤亡的大事故将在所难免。

第十九次南极考察期间，时任"雪龙"船大副的王建忠开着小艇由中山站返往"雪龙"船，此时刮起了下降风，风力达到了七八级，海面也出现了一两米高的涌浪，小艇刚驶出站区外的浮冰区便剧烈摇摆，根本无法再接

下降风

在东南极洲的中央高原常年被极地高压控制，风很微弱，但冷空气沿着冰面陡坡向沿岸急剧流动，形成稳定而强劲的下降风，并频繁地在大陆沿岸地区产生强烈的风吹雪，使能见度降低，持续时间为几小时至几天，局部地区风速可达85米/秒以上。

近大船。为了安全起见，小艇看准时机调头再次回到浮冰区里。小艇靠不了大船，此时再想回到中山站也是不可能的，小艇周围的浮冰已被风刮得堆积在一起，小艇在浮冰里根本就动不了半步。那次，小艇上除了开艇的船员外还搭载了几名科考队员。他们几个人被困在浮冰中度过了难熬的一夜，忍饥挨冻了二十几个小时。到第二天下午，风小冰散时小艇才回到了大船。

在中山站附近进行小艇卸货作业时，"雪龙"船往往漂泊于站外1~2海里的清水中。在清水区小艇装上从大船

图组：忙碌的艇驳卸货作业

小艇运货

上卸下的物资，需穿过站外浮冰区、冰山群才能到达中山站码头。小艇并不具备破冰能力，路遇浮冰时，只能绕行或奋力挤开前面的浮冰，一步一步地向前推进。满载货物的小艇在稠密的浮冰中行走相当费力，3千米左右的路程，有时需要花费几个小时才能走完。浮冰的分布随着潮流而不停地发生着变化，小艇第一次走过的路线很快就会被浮冰封堵，当小艇第二次经过时可能就要再次寻找新的航道。小艇也常穿行于冰山与冰山之间狭窄的通道，此时，站在小艇抬头向上望去，陡峭且高耸入云的冰山令人心惊胆颤，大气都不敢出一口，生怕冰山顶上的巨大冰块会应声而落。冰山坍塌而使冰块坠落入海，即使砸不到小艇，也会激起巨大的涌浪而将小艇掀翻。

　　第二十二次南极考察，小艇卸货时，"雪龙"船船头几百米处的巨大冰山突然崩塌，轰声震天，半个冰山已完全崩裂成碎冰块，顷刻间，这些碎冰块布满了附近的海面。而另一半冰山由于失去了重心，倒向另一侧，并在海水里前后翻滚。冰山倒塌激起的五六米高的涌浪，带着巨大的能量向"雪龙"船及停靠在中山站振兴码头的小艇冲去。两万多吨的"雪龙"船受到涌浪的冲击不停地摇摆着。负责驾驶小艇的水手夏云宝在接到冰山倒塌的紧急通知后，立即叫人启动艇机，准备抗击巨浪的侵袭。一波波滚滚而来的海水卷杂着码头边的大块浮冰向岸上冲去，猝不及防的码头卸货人员赶紧向岸上撤离。而此时，小艇在码头边剧烈地颠簸摇摆，随时都有被涌浪拱翻的危险。为了防止小艇触碰码头附近的礁石或被冲到岸上，夏云宝急转艇头离开码头，迎着涌浪，加大艇机的推力，抵抗着涌浪的冲击。小艇摇摇欲坠、情形惊心动魄，就这样，小艇顽强抵抗了近半个小时，海面才逐渐趋于平静。此次，崩塌的冰山位于"雪龙"船与中山站之间，即在小艇往返船站之间的路线之上，所幸的是，冰山崩塌的时候小艇正好不在此冰山旁边。

冰山的崩塌
黄洪亮摄

　　其实，每次南极考察中进行小艇作业时，均会出现一些险情，但是为了确保南极物资装卸任务的按时完成，我们不得不做一些必要的冒险，只是需要我们在整个小艇作业过程中，不断提高警惕，加强安全防范意识。

南极印象

永恒的南极大陆

　　银装素裹的南极大陆，以其一贯的形象展示在世人面前，冷峻而威严。脚踩着寂静的南极大陆，思维也仿佛被这千年的冰雪所凝固，感觉到时间也停止了其匆匆前行的脚步。南极，我虽来过八次，接触南极的机会比一般人要多一些，但至今我对南极的了解还是知之甚少，所学到的南极知识也只是凤毛麟角，由于工作的缘故，我常常在船行期间翻阅南极的各种资料，以期对这片白色的世界有更深的了解。

　　南极地区包括南极大陆及其周围岛屿，其面积约为1 400万平方千米，是中国陆地面积的1.45倍。南极大陆的直径约为4 500千米，它的海岸线大致呈圆形，但由于罗斯海和威德尔海这两个深海湾的出现，使图形受到破坏，呈S形弯曲的南极半岛延伸1 400千米。在地质和地理上把南极大陆分为东南极洲和西南极洲两部分，在这两大部分之间，贯穿着呈东南至西北走向的横贯南极山脉。

　　地球上最高的大陆不是拥有青藏高原的亚洲大陆，而是南极大陆。地球上其他几个大陆的平均高程为：亚洲950米，北美洲700米，南美洲600米，非洲560米，欧洲最低，只有300米，大洋洲的平均高度估计也不过几百米。然而，南极大陆，就其自然表面来说，其平均高程为2 350米，是地球上其他大陆平均高度的3倍。但是，如果把覆

白雪皑皑的南极内陆
夏立民摄

盖在南极大陆上的冰盖剥离，它的平均高度仅有410米，比整个地球上陆地的平均高度要低得多。

南极冰盖本身的巨大压力，使得冰层缓慢地从中心高原向四周运动，其速度一般为每年几米到几十米，冰盖的厚度从中心高原向沿海地带是逐渐变薄的。南极大陆的冰岸亦以每年200米的平均速度向大洋方向移动，冰川的边缘经常断裂，其结果形成了冰山。同时，也导致海岸线经常在相当长的距离上后退数十千米。

南极大陆98%的陆地常年被冰原所覆盖，冰盖的平均厚度为2 160米，最大厚度可达4 776米。冰雪总储量为2 500万~3 000万立方千米，是全球冰雪总储量的90%，占全球淡水总储量的80%。如果南极冰盖全部融化，全球平均海平面将升高65米，沿海的许多大城市会被淹没，这对人类的生存将会构成严重的威胁。

虽然南极是冰雪的宝库，但是单从降水量来看，南极大陆却是最干燥的大陆，有"白色沙漠"之称。南极大陆的空气异常干燥，沿海地区的年平均降水量只有30~50毫米，不到我国沿海地区降水量的1/20。南极内陆地区的年降水量甚至还不到5毫米，南极点的年平均降水量仅有3毫米，与非洲的撒哈拉大沙漠差不多。

南极大陆与其他大陆相比，动植物的种群数量较少。地衣是最常见的、分布最广的植被，即使在距南极点约300千米的露岩区还可发现。苔藓分布范围则要小些，由于它对湿度有依赖性，只能生长在沿海地区。藻类是南极大陆生物量中最丰富的植物，但它只生长在水分充足的水洼地和潮湿土壤中。显花植物在南极半岛只发现有三种。南极大陆没有陆生的脊椎动物。昆虫和蜘蛛类，是最高级的土著动物。在南极大陆的沿海地区，企鹅、海豹、贼鸥和海燕等数量很多，但它们大部分时间是在海上活动和摄食，陆缘只是它们暂时栖息和繁殖之地。

南极地区的石油储存量约500亿~1 000亿桶，天然气储量约为30 000亿~50 000亿立方米。南极的罗斯海、威德尔海和别林斯高晋海以及南极大陆架均是油田和天然气的主要产地。

南极地区的矿产资源极为丰富。南极大陆二叠纪煤层主要分布于南极洲的冰盖下面，储量约为5 000亿吨。

南极是地球上的寒极。由于海拔高，空气稀薄，再加上冰雪表面对太阳能量的反射等，使得南极大陆成为世界上最为寒冷的地区，其平均气温比北极要低20°。南极大陆的年平均气温为−25℃。南极沿海

低温现象 资料图片

地区的年平均温度为-20~-17℃左右；而内陆地区的年平均温度则为-50~-40℃；东南极高原地区最为寒冷，年平均气温低达-57℃。1983年7月，俄罗斯东方站的气温曾降到-89.2℃，这是目前全球所测的气温最低纪录，在这样的低温下，普通的钢铁会变得像玻璃一般脆；如果把一杯开水泼向空中，落下来的竟然是一片冰晶。

南极是地球上的风极。南极大陆是风暴最频繁、风力最大的大陆，风速在每小时100千米以上的大风在南极是经常可以遇到的。南极大陆沿海地带的风力最大，平均风速为每秒17~18米，而东南极大陆沿海一带风力最强，风速可达每秒40~50米。在法国的迪尔维尔站曾测到每秒100米的大风，相当于12级台风风速的3倍，而它的破坏力相当于12级台风的近10倍。这是迄今为止世界上记录到的最大的风。

科考队在狂风暴雪中向南极内陆挺进 夏立民摄

不到"长城"非好汉

南极洲是不毛之地，要进行科学考察，必须首先建立考察站，为考察人员提供包括衣食住行在内的各种后勤保障。因此，南极考察的一切需要，在国内都要精心准备，稍有忽视，就会带来极大的困难。在进行准备中，对中国南极站的站址的初选，是当时的南极考察委员会首先考虑的问题，因为它涉及到之后工作的进行。

在对南极自然地理有了较全面了解的基础上，南极委认为，东南极洲尽管离中国较近(相对于西南极洲而言)，但在当时没有破冰船或抗冰船的情况下，要登上东南极大陆显然要冒极大的风险，因此，暂把视线转向了西南极洲的南极半岛和南设得兰群岛。根据南极委副主任、国家海洋局局长罗钰如率团随阿根廷的抗冰船"天堂湾"号航行的体会，在南极半岛建站仍有很大困难。于是，南极委选定南设得兰群岛作为中国第一个南极站的站址。站址的具体位置还要通过实地勘察，看是否具备较大的露岩地域、船只易接近、卸货方便、有充足的淡水资源和站区可开展综合科学考察等条件再定，之后，预选出11个站址，其中以菲尔德斯半岛南部地区最为理想。这是一块台阶式鹅卵

长城站的宝钢楼

中国南极长城站

中国南极长城站位于西南极洲南设得兰群岛乔治王岛南端，其地理坐标为南纬62°12′59″、西经58°57′52″，距离北京17 501.949千米，与北京的方位角为170°38′27″。长城站所在的乔治王岛，是南极地区科学考察站分布最为密集的区域。

石地带，地域开阔，有三个宜饮用的淡水湖；海岸线长、滩涂平坦，便于小艇抢滩登陆；距智利马尔什基地机场仅2.3千米，交通方便；夏季露岩多，地衣、苔藓等植物发育也比其他地点好，企鹅和其他鸟类在此栖息繁殖，适宜开展多学科考察。最终，中国南极长城站就坐落于此。

中国南极长城站建于1985年2月20日，以世界著名的中国长城命名。

最初的长城站站区南北长2千米，东西宽1.26千米，占地面积2.52平方米，平均海拔高度10米。长城站自建成以来经过多次扩建，现已初具规模，有各种建筑20多座，建筑面积达5 000平方米。其中大型建筑17座，包括综合活动中心、科研办公楼、锅炉房、污水处理栋、废物处理栋、生活栋、发电栋、综合车库、科研栋、食品栋、1号栋、2号栋、焚烧炉等。

长城站具有健全的生活设施，能够保证科学考察人员的科研和生活正常进行，每年可接纳度夏考察人员80名，越冬考察人员40名。

长城站远景

长城站装卸货作业

中国南极考察队员在长城站全年开展气象学、电离层、高空大气物理学、地磁和地震等项目的常规观测。在每年的南极夏季期间，除常规观测外，还进行包括地质学、地貌学、地球物理学、冰川学、生物学、环境科学、人体医学和海洋科学的现场科学考察工作。

2006~2011年的建设项目长城站改造主要包括新建综合活动中心、科研办公楼、废物处理栋、污水处理栋和锅炉房在内，总面积约1 800平方米的建筑。主体工程在第二十四次南极考察期间已基本完成，2008~2009年期间主要为项目扫尾工程，除少量土建外，绝大部分是内装修、设备安装和调试任务，单体数较多，分布面广。此外，网络外形天线罩主体工程已完工，卫星天线及网络系统设备安装调试也已完成，并于2009年1月1日建成并投入使用，站区内上网、收发邮件、打电话、传真及数据传输功能得以实现。

长城站留影

长城站附近的象岛

做客"中山站"

出于对南极科学考察方面的考虑，从20世纪80代初开始，国家有关部门开始为在东南极洲建站做准备。

图组：中山站

中国南极中山站

中国南极中山站建于1989年2月26日，以中国民主革命的伟大先驱者孙中山先生的名字命名，由邓小平同志题写站名。位于东南极大陆伊丽莎白公主地拉斯曼丘陵上，其地理坐标为南纬69°22′24″、东经76°22′40″，距离北京12 553.16千米，与北京的方位角为32°30′50″。

首先是开展了广泛的调研工作，多次派专家、学者，到日本昭和基地、前苏联青年站及和平站、美国默克麦多站、澳大利亚凯西站参观访问，搜集建站资料，学习外国经验，实地考察了自日本昭和基地、澳大利亚戴维斯站、意大利莫森站至罗斯海的南极大陆沿岸的许多地段，取得了第一手资料。在此基础上，有关部门又多次组织专家、学者进行可行性论证，听取各方面的意见，形成最佳方案，预选出两处作为站址，一是普里兹湾内的拉斯曼丘陵地带，即位于南纬69°，东经76°附近；一是阿蒙森湾沿岸。这两处均属露岩地带，易于登陆，有丰富的淡水资源，地域广阔，便于发展，而且可作为向南极内陆进行科学考察的前进基地。

1988年10月初，我国派先遣组随澳大利亚"冰鸟"号考察船赴南极洲，登上拉斯曼丘陵，对预选站区的地理环境、自然条件、淡水资源和地形特点等进行了实地勘察，

俯瞰中山站

中山石

认为拉斯曼丘陵的建站条件比阿蒙森湾要优越些。南极考察委员会根据先遣组的实地勘察报告，最后确定中山站建在拉斯曼丘陵地带。

中山站所在的拉斯曼丘陵，地处南极圈之内，位于普里兹湾东南沿岸，西南距艾默里冰架、格罗夫山和查尔斯王子山脉几百千米，是进行南极海洋和大陆科学考察的理

中山站远景

澳大利亚南极考察站

澳大利亚在南极大陆有三个常年考察站，分别是莫森站、戴维斯站和凯西站，另外还有几个夏季考察站。

俄罗斯南极考察站

俄罗斯现在运转着五个常年考察站和两个夏季考察站，常年考察站分别是和平站、东方站、新扎列夫站、别林斯高晋站和进步二站；夏季站分别是青年站和联盟四站。

想区域。中山站的气候比长城站寒冷干燥，冬季最低气温达-33.6℃，连续白昼时间54天，连续黑夜时间58天，大风天数174天以上，最大风速可达46米/秒。离中山站不远处有澳大利亚的劳基地和俄罗斯的进步二站。

中山站建站20年来规模不断扩大，现有各种建筑15座，建筑面积2 700平方米。其中包括办公栋、宿舍栋、气象栋、科研栋和文体娱乐栋以及发电栋、车库等。

综合楼

站上生活设施齐备，可以满足科考队员的工作和生活需要。每年可接待度夏考察人员60名、越冬考察人员25名。

中国南极考察队员在中山站全年进行的常规观测项目有气象、电离层、高层大气物理、地磁和地震等。在每年的夏季期间，还进行包括地质学、生物学、气象学、人体医学和海洋科学等现场科学考察工作。

2006~2010年期间主要新建综合楼、车库、综合库、空间物理观测栋、废物处理栋、污水处理栋、锅炉房和高频雷达机房等3 880平方米建筑。2008~2009年，中山站基础设施改造与更新项目全面实施，建设工程进展顺利，在第二十五次考察队度夏期间六栋主要建筑初步建成，越冬

中山站建设工地

站区内的卡特车

期间将进入内装修工期。

安装在中山站油罐上方、大地原点东南的友谊山顶的卫星天线已全部建成，2008年11月22日网络电话系统调试完成，23日各栋网络系统开通后，队员可在站内方便地打电话和上网。在大年三十晚上，部分队员还通过网络视频观看了春节联欢晚会，这在极地科考史上，可谓开天辟地头一回。

炫美极光

在南极，我们所能欣赏到的另一种美丽的风景便是极光了。在极昼消去之后，南极便出现了每日昼夜黑白交替的现象，并开始逐渐向极夜进行过渡。在"雪龙"船即将离开南极准备返航的时候，已是昼夜分明，这时我们便有了欣赏南极炫美极光的机会。

S 形极光

极 光

极光，是常常出现于纬度靠近地磁极地区上空大气中的彩色发光现象。一般是带状、弧状、幕状或放射状。这些形状有时稳定，有时作连续性变化。极光是

深夜时分，晴空万里，残月高挂，繁星点点，天际出现了几缕如发丝般的光影，时隐时现、飘忽不定，这便是极光。进而，极光会由朦胧而变得清晰，如彩带般在天空飞舞，并在我们头顶的天空中蔓延开来。满天的极光绮丽而壮观、神奇而美妙，令人叹为观止。极光时而变得浓烈，时而变得暗淡。极光姿态变换的节奏也时急时缓，有时变化迅猛，形状转瞬即逝，有时又像一缕淡淡的烟霭，久久不动。极光的律动如风吹、似潮涌，如天幕上跳跃的音符，又如无

形之手正泼墨于天顶、挥毫于苍穹,蔚为壮观!

　　当然这样的情况不是每夜都有,但凡有极光出现的时候,我们便会异常兴奋得奔走相告,然后一个个伫立在寒风之中,仰首于天,尽情享受这人生难得的际遇。

　　在南极越冬的队员,在极夜到来时常常可以看到极光,而跟随"雪龙"船在南极度夏的队员,往往在"雪龙"船快要撤离南极时才有机会看到极光,但这样的机会也不是很多,一旦错过,只能等下一个航次了。我也是在最近的两三个航次中,才有幸见到这样的景象。第二十五次南极考察时,极光出现过两三次,但都不是很清晰和浓烈。而在第二十四次考察期间,极光给我们呈现了一场视觉上的盛宴,那瑰丽的色彩、那曼妙的形态,让我至今难忘。

　　极光的下边界的高度,离地面不到100千米,极大发光处的高度为110千米左右,正常的最高边界为300千米左右,在极端情况下可达1 000千米以上。根据近些年来

来自太阳活动区的带电高能粒子(可达10千电子伏)流使高层大气分子或原子激发或电离而产生的。由于地磁场的作用,这些高能粒子转向极区,故极光常见于高磁纬地区。在大约离磁极25°~30°的范围内常出现极光,这个区域称为极光区。在地磁纬度45°~60°之间的区域称为弱极光区,地磁纬度低于45°的区域称为微极光区。

冰上极光

色彩艳丽

关于极光分布情况的研究，极光区的形状不是以地磁极为中心的圆环形，而是更像卵形。极光的光谱线范围约为3 100~6 700埃，其中最重要的谱线是5 577埃的氧原子绿线称极光绿线。极光的出现同磁暴、地冕、太阳风和宇宙线有关，因而也同太阳活动有关。早在二千多年前，中国就开始观测极光，此后有丰富的极光记录。

极光的形状千姿百态，运动的状态也是千变万化、多种多样。科学家们把极光按照形状特点分为五大类：一是底部整齐微微弯曲呈圆弧状的极光弧；二是有弯扭褶，宛如飘带状的极光带；三是如云朵一般片朵状的极光片；四是面纱一样均匀的帷幕状的极光幔；五是沿磁力线方向呈射线状的极光芒。

极光有不同的颜色是因为地球周围的大气中，含不同的气体分子。当从太阳来的带电微粒与不同的气体分子冲撞时，就发出不同颜色的光。如氖气受到冲击时就发出红颜色的光，氩发蓝光，氦发黄光，其他气体也是各呈其色。科学家们发现，极光的颜色还取决于带电微粒的相互碰撞的空间高度和这些带电微粒的波长。

极光形体的亮度变化是很大的。当太阳表面剧烈骚动时，太阳黑子增多，太阳射向地球大气层中的带电微粒就增多，这时极光不但出现频繁，而且极光的亮度也特别强。

在南极的许多科学考察站都有研究极光的专门仪器设备和专业研究人员，中国南极中山站也是研究极光的一个理想地点，我国科学家也与日本科学家合作进行极光研究。那么，人们为什么要研究极光呢？极光实质上是地球周围的一种巨大的放电现象。由此可知，研究极光的时空出现率，就能了解到形成极光的太阳粒子的起源以及这些粒子从太阳上形成，经过行星际空间、磁层、电离层以及

"雪龙"船上空的极光

最终消失的过程，并能了解到在此过程期间，这些粒子在一路上受到电的和磁的、物理的和化学的、静力学的和动力学的各种各样的作用力的情况。因此，极光可以作为日地关系的指示器，可以作为太阳和地磁活动的一种电视图像，去探索太阳和磁层的奥秘。

极光还是一种宇宙现象，在其他磁性星体上也能见到，所以，对它的研究有着十分普遍的科学意义和实际应用方面的价值。对极光等离子体的研究，能更好地理解太阳系的演变、进化，还可以研究极光作为日地物理关系链中的一环，对气候和气象的影响以及生物效应等等。

炫美极光

挺进南极内陆

冰雪大陆上的争夺硝烟

随着地球资源的日益缺乏，地球上寒冷的南北两极渐渐成为很多国家争夺的焦点。两极地区蕴藏着丰富的石油、天然气以及矿产资源，在全球气候不断变暖的形势下，两极地区冰层融化，开发两极自然资源的想法已经变为可能。

近年来，俄罗斯、加拿大、丹麦、美国等国已经在北冰洋展开争夺战。现在，英国、智利等国家也纷纷采取行动，要在南极洲圈定领土范围，一场新的"领土争夺战"即将在南极大陆的冰天雪地中上演。英国对南极的领土要求，使智利和阿根廷两个国家感到尤其不满。在当初正式对南极洲提出主权要求的七个国家中，澳大利亚、法国、新西兰、挪威四国互相承认各自要求，而阿根廷、智利、英国三国要求的领土互相重叠，各方坚持各自的主权要求，互不承认他方的主权要求。

其实，早在1908~1947年间，英国、新西兰、澳大利亚、法国、智利、挪威和阿根廷七个国家依据所谓的"发现论"、"占有论"、"扇面论"等理论，先后对南极洲领土提出主权要求，而美国和前苏联也再三表示保留对南

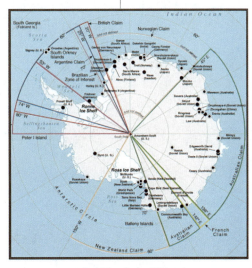

南极大陆的争夺 资料图片

南极条约

为保障和促进南极洲和平利用、科学考察自由和国际合作而签订的国际条约。由阿根廷、澳大利亚、比利时、智利、法国、日本、新西兰、挪威、苏联、英国、美国、南非于1959年12月1日在华盛顿签订。

中国于1983年6月加入《南极条约》，1984年6月成立第一支南极考察队，1985年2月在南极洲乔治岛上建立长城考察站。同年10月7日，中国获得《南极条约》协商国资格。1989年2月26日，中国科学工作者又在南极圈内的普里兹湾建立中山考察站。

极提出领土要求的权利。到1940年，这七国已对83%的南极大陆实施了"瓜分"，只剩下西经90°~150°被认为是"预留"给美国的"空白"。这些领土要求的纷争，致使南极大陆成了多种矛盾的焦点，使这块万年冰封的平静大地笼罩上国际纠纷的阴影。

1959年12月1日，12个在南极从事过实质性科考的国家在华盛顿签署了《南极条约》，宣布"冻结"对南极洲领土的主权要求，倡导科学研究和合作。《南极条约》被公认为冷战时期人类取得的辉煌成就。1991年，《南极条约》协商会议又促成了《关于环境保护的南极条约议定书》，决定全面禁止南极的矿产资源开发活动50年，使南极争夺在表面上暂时趋于平静。

"冻结"原则是指既不承认也不否定现有的主权要求。此外，《南极条约》只是暂时冻结了各国的领土主权要求，附属于领土的诸如大陆架等方面的权利则没有界定，这样，一些国家就可以利用条约的漏洞来谋求南极领土之外的权利。

宁静的南极不平静，世界各国在南极地域问题上仍有明争暗斗之势。在南极内陆冰盖之上，有着四大"必争之点"：极点、冰点、磁点和高点。而前三者分别由美国、俄罗斯和法国–意大利占据着。在中国科考队登顶冰盖之前，只有"高点"冰穹A（Dome A）等待着人类历史性的跨越。可以看出，此次中国在冰穹A地区建立考察站有着多么重要的意义。

通往冰穹A

在南极内陆冰盖的最高点冰穹A地区建立科学考察站，这是当今国际南极科考史上的一大壮举。

极度严寒、极度缺氧、"人类不可接近之极"……这是人们描述冰穹A地区时常用的词汇。对于中国为何决定将首个内陆考察站地址选在这样一个自然条件极度恶劣的地区，可用两个词精准地概括——科研热点与战略要地。

冰穹A地区所具有的特殊地理和自然条件，使其成为一系列科学研究的理想之地。首先，冰穹A地区是国际公认最合适的深冰芯钻取地点，同时，冰穹A地区可以监测和检测到全球平均本底大气环境，得到可用于改进全球大气环流模式的有关参数。此外，冰穹A位于臭氧洞中心位置，是探测臭氧空洞变化的最佳区域。

冰穹 A 首次登顶纪念石

冰穹A地区也是进行天文观测的最佳场所。冰穹A具备地球上最好的大气透明度和大气视宁度、有3~4个月的连续观测机会和风速较低等条件，被国际天文界公认为是地球上最好的天文台址。

冰穹A地区还是南极地质研究最具挑战意义的地方。东南极冰下基岩最高点的甘伯尔采夫冰下山脉，是形成冰穹A的直接地貌原因，由于其海拔高度近4 000米，是国际公认的广阔的南极内陆冰盖中直接获取地质样品的最有利和最有意义的地点。

与此同时，在冰穹A地区建立中国南极内陆考察站也具有重大的战略意义。南极洲98%的陆地长年被冰雪覆盖，迄今为止，世界上共有27个国家在南极建立了52个科学考察站，多数站建在南极边缘地区，只有美国、俄罗斯、日本、法国、意大利和德国这6个国家在南极内陆地区建立了内陆科学考察站。

从南极科学研究和话语权的角度来讲，南极地区共有四个点最为重要：极点、冰点、磁点和高点。目前，前三个点已分别被美国、俄罗斯、法国–意大利占据建立了科学考察站，仅剩南极内陆最高点冰穹A尚属"空白"。而中国第二十五次南极科学考察队内陆冰盖队将在南极内陆最高点冰穹A地区建设考察站，这一区域除了中国科考队员两次登顶以外，还没有任何其他国家科学家从地面到达过。如果我国作为第七个在南极内陆地区建站成功的国家，这将标志着我国极地考察进入国际极地考察的第一方阵。

如果说我国在南极建立首个科学考察站——长城站，实现了我国极地考察事业"从无到有"的发展，在南极建立第二个科学考察站——中山站，实现了我国极地考察事业"从小到大"的发展，那么在南极内陆建站，将实现我国极地考察事业"从大到强"的跨越。

随着我国综合国力的不断增强，从1996年开始，以中山站为出发基地，我国已在中山站—冰穹A断面上进行了

勘测现场 夏立民摄

五次内陆冰盖考察。前三次重点开展了从中山站向冰穹A地区方向沿线的断面勘测调查工作，开展冰川学、测绘学、大气科学综合考察，为实现我国南极考察登顶冰穹A，并为将来开展南极内陆科学考察打下了良好的基础。2005年1月，中国第二十一次南极科学考察队内陆冰盖队首次成功登顶冰穹A地区，创下了人类由地面抵达"不可接近之极"的纪录，并掌握了从中山站到冰穹A地区的大量综合观测资料，在后勤保障和应急救援等方面获得了宝贵的经验。2008年1月，中国第二十四次南极科学考察队内陆冰盖队再次成功到达冰穹A点，进一步开展了为建立中国南极内陆科学考察站选址的实地调查工作，确定了内陆站建设地点，并开展了雪冰、天文、大气、地球物理和空间物理等方面的考察工作。

尽管已积累了丰富的经验，但由于冰穹A地区独特的自然地理条件，在冰穹A建站面临低温严寒、高原缺氧、施工时间紧迫等诸多挑战。

冰穹A地区位于南纬80° 22′ 00″，东经77° 21′ 11″，

内陆队顺利穿越冰裂隙密集区 内陆队供图

南极冰盖上的冰裂隙

南极冰盖的冰在重力作用下由高向低运动，也就是通常所说的冰川流动，当遇到底面凹凸不平时，冰川的流速存在差异。在底面凸起时，冰盖表层的冰运动速度比下面的冰要快一些，于是形成了冰裂隙。冰裂隙的出现对南

距中山站直线距离1 228千米，是南极冰盖的核心区域，高程4 093米，空气含氧量约为海平面的60%，气压584百帕，年平均气温约-58.4℃，被认为是地球上自然环境最为恶劣的地区之一。

尽管如此，从中山站到昆仑站绵延1 300千米的建站物资运输，完全要靠内陆队员驾驶雪地车进行，这使得内陆队仅抵达昆仑站施工地点即需要20天左右的时间。此外，由于南极内陆气候变化无常，各种不确定因素很多，适合进行施工的周期极短，全部施工建设计划时间只有30天左右，这对建筑的施工与进度提出了极其严格的要求。

图组：昆仑站建设 夏立民摄

极冰盖考察人员和装备构成了严重的威胁。

没有哪一个国家的南极冰盖考察队会忽视冰裂缝，即便如此，在冰裂缝发生危险的事例也经常发生，人员和车辆掉下冰裂缝时有发生，造成车辆和人员的损失。南极冰盖上的冰

此次，内陆冰盖考察队由28名队员组成，包括科考人员和建站人员。他们于2008年12月18日11时18分驾驶着由11辆雪地牵引车和44个雪橇组成的雪地运输车队，由内陆出发基地向南极内陆挺进。此次的车队规模极为庞大，在冰盖上行进绵延近两千米。

在正式出发之前，内陆冰盖考察队除了进行建站物资的装车外，还做了大量出发前的准备工作。此次内陆建站物资共600多吨，物资运输量极大，而从出发地往内陆深处300千米的路途中，南极冰盖从海拔100多米急速上升至海拔

2 000多米，车队将持续负重爬坡。为减轻出发时的负担，内陆队进行了多次分队作业。自12月10日下午开始，内陆冰盖队先遣队从位于内陆边缘的出发地启程，深入内陆冰盖300千米处提前布放油料，供内陆队未来中途使用。在18日正式出发前，内陆队已将300吨左右物资提前布置在内陆冰盖沿途，还有300多吨物资按计划将从内陆出发地启运。

在向冰穹A行进过程中，内陆队全体队员在李院生队长带领下，携带超过运输极限的建站与科考物资装备，克服内陆冰盖软雪带、冰裂隙带及众多雪丘带来的安全威胁，经过近20天的时间完成了1 300千米的艰难跋涉，终于在中山站时间2009年1月6日23时55分（北京时间1月7日2时55分）安全到达了南极冰盖最高点，并将一尊中华鼎——"天鼎"安放到冰穹A最高点上。

裂缝经常宽达几米，深不可测，许多冰裂缝上面覆盖着厚薄不一的积雪，同正常的雪面没有任何差别，用肉眼根本看不出来，当人员或车辆行进到上面时，积雪崩塌，人员或车辆就会掉落下去。当上面的积雪较厚时，甚至会出现前面的车辆可以安全通过，而后面的车辆掉下冰裂缝的情况。

中华天鼎 夏立民摄

中国南极昆仑站

昆仑站建成于2009年1月27日，位于南纬80°25′，东经77°06′，高程4 087米，是人类在南极地区建立的海拔最高的科考站，也是中国在南极内陆腹地建立的第一个综合科考站。

目前建成的昆仑站主体工程建筑面积为236平方米，包括生活区和科研区，可供15～20人进行夏季科考。根据规划，3～5年后，昆仑站将逐步升级扩建到558.56平方米，成为能够满足科考人员越冬的常年站。

1月7日，内陆队到达昆仑站站址，内陆队员们忍受着-40℃的低温，呼吸着含氧量只有平常一半的空气，立即投入昆仑站的建站任务中，夜以继日连续奋战。面对冰穹A地区高寒缺氧极端环境下冻伤、高原反应、强紫外线、人员体能下降等考验，凭借着在国内反复组装演练练就的过硬技术，内陆考察队成功解决南极高原软雪基础和极端低温下的施工难题，夺回了考察前期因严重海冰冰情和连续恶劣天气而损失的时间，于2009年1月27日胜利建成了昆仑站。为此，国家主席胡锦涛专门发来了贺电。

昆仑站房顶上的巨幅五星红旗
夏立民摄

2月2日9时，由于内陆天气条件恶劣，中国南极昆仑站开站仪式以电话连线方式在中山站和昆仑站隆重举行。国家海洋局副局长陈连增代表中国政府郑重宣布中国南极昆仑站开站。中国极地研究中心冰川室主任李院生研究员被任命为昆仑站首任站长，国家海洋局极地考察办公室综合处处长夏立民、上海宝钢金属有限公司的李侍明为副站长。澳大利亚戴维斯站、俄罗斯进步二站代表，爱沙尼亚、印度、俄罗斯等国南极考察队代表，中国第二十五次南极科学考察队中山站、雪龙船全体队员和内陆冰盖队全体队员共约150人分别在中山站和昆仑站出席开站仪式。

巍巍"昆仑"

昆仑站的建成创造了在南极大陆核心地区建设科学考察站的奇迹，实现了我国南极科学考察由南极大陆边缘向内陆的战略跨越，为第四个国际极地年作出了重要的贡献。

昆仑站主体建筑面积近230平方米，分为住宿区、活动区和保障区，包括宿舍、医务室、科学观测、卫星通讯、厨房、浴室、厕所、污水处理、发电机房、锅炉房、制氧机房和库房等。为了提高建站施工的可行性，昆仑站的主体建筑主要采用模块化或集装箱式建筑组建而成，以减少现场的安装工作量。

但单纯的集装箱组建节能效果较差，为了减少油料消耗，最大程度地保护环境，昆仑站的主体结构全部采用耐低温的不锈钢，外包复合加芯的保温板。这样，整个科考站设计成内部功能仓与外部保温层两部分，内部功能仓由若干个可独立运输的集装箱式预制舱拼接而成，施工人员在国内将工程舱及其内部装修、设备全部做好，再把这些预制舱运往冰穹A组装后，再在外部现场安装包围围护层，既减少了现场施工，便于运输，又保证了建筑的密闭与保温性能。

昆仑站 夏立民摄

南极是人类最后一片净土。南极条约体系将南极指定为自然保护区，各缔约国应全面保护南极环境及依附于它的生态系统。作为南极条约协商国，中国在筹建内陆科学考察站时，也充分考虑了环境因素的影响，对考察站的建设和运行进行了全面的环境影响分析评估，并制订了相关的环保措施和应急预案，确保在发挥考察站科学平台价值和满足队员工作生活需求的同时，尽可能减少内陆站建设对环境的影响。

建成后的昆仑站周围方圆上千平方千米都是无人区，景观极其单调，给人一种与世隔绝的感觉，这对人的心理是一种严峻的挑战。因此，昆仑站在设计之初考

南极昆仑站 李侍明供图

虑更多的是尽可能为科考队员创造一个温暖、舒心的工作与生活环境。在房屋设计上，考察站的室内设计与家具的选用多采用温暖、艳丽的色彩，以尽可能弥补环境对人心理造成的影响。

在保证公共空间的同时，设计师也给每个驻站人员留出了基本的私密空间。昆仑站共有10间宿舍，每间虽然不足5平方米，但只住两人，基本可以保证队员之间互不干扰。此外，昆仑站主体建筑内设置有供氧终端，科考队员通过它可以补充氧气，缓解缺氧造成的不适。

按照国家的初步构想，昆仑站的近期目标是建成可供15~20人居住的度夏科考站，5~10年后，再视条件逐步升级扩建为满足科考人员越冬的常年站。

以昆仑站为依托，我国将有计划地在南极内陆开展冰川学、天文学、地质学、地球物理学、大气科学、空间物理学等领域的科学研究，实施冰川深冰芯科学钻探计划、冰下山脉钻探、天文和地磁观测、卫星遥感数据接收、人体医学研究和医疗保障研究等科学考察和研究，从而为人类探索南极奥秘作出更重要的贡献。

图组：昆仑站开站仪式

南极 "主人"

企鹅众生相

有幸来到南极的人除了希望能欣赏到南极壮丽的景色外，更希望能一睹南极动物的风采。在南极动物中，人们对企鹅可谓偏爱有加，这不仅因为企鹅是南极的象征，而且它那活泼可爱、如同人类般走路的姿态早已让人爱之不尽了。

私语

聚首

企鹅是南极的"土著居民"，人们把它称为南极的象征，当之无愧。一是因为企鹅的数量多、密度大、分布广，南极大陆的沿岸及亚南极地区的岛屿上都有它们的踪迹。凡是登上南极陆地的人们，首先注意到的就是成群结队的企鹅，企鹅给南极洲这个冷落、寂寞的冰雪世界带来了生机；二是因为企鹅的长相令人喜爱，特别是它们那种道貌岸然、彬彬有礼、绅士般的风度，给人留下深刻的印象；三是因为企鹅世世代代在南极同甘苦共命运，锻炼和造就了一身适应南极恶劣环境的硬功夫——耐低温的特异生理功能；四是因为企鹅的独特生活习性，如雄企鹅孵蛋和雏企鹅幼儿园等，早已被人们传为佳话和趣谈；五是因为企鹅是寒冷的象征，一看到企鹅，人们油然想到世界寒极——南极洲。难怪世界冷饮行业的产品常以企鹅作为商标，在盛夏，一看到企鹅，会给人一种清凉、爽快之感。正是南极洲这个神秘的世界孕育了这样奇特的"居民"。南极企鹅和北极熊一样，已成为人人皆知的代表性动物。

南极企鹅的共同形态特征是，躯体呈流线型，背披黑色羽毛，腹着白色羽毛，翅膀退化，呈鳍形，羽毛为细管状结构，披针型排列，足瘦腿短，趾间有蹼，尾巴短小，躯体肥胖，大腹便便，行走蹒跚。

帝 企 鹅

王企鹅 姜德忠摄

阿德雷企鹅

金图企鹅

　　世界上的企鹅有二十几种，而生活在南极的企鹅只有七种，它们是：帝企鹅、王企鹅、阿德雷企鹅、金图企鹅、帽带企鹅、浮夸企鹅和喜石企鹅。在中山站，我们常见到的是帝企鹅和阿德雷企鹅，而在长城站，我们常常可以见到金图企鹅、帽带企鹅和王企鹅。

　　南极企鹅的种类虽然不多，但数量相当可观。据鸟类学家长期观察和估算，南极地区现有企鹅近1.2亿只，占世界企鹅总数的87％，占南极海鸟总数的90％。数量最多的是阿德雷企鹅，约5 000万只，其次是帽带企鹅，约300万只，数量最少的是帝企鹅，约57万只。

　　企鹅是海洋鸟类，虽然它们有时也在陆地、冰原和海冰上栖息。在企鹅的一生中，生活在海里和陆上的时间约

帽带企鹅

各占一半。

　　企鹅不会飞，善游泳。在陆上行走时，行动笨拙，脚掌着地，身体直立，依靠尾巴和翅膀维持平衡。遇到紧急情况时，能够迅速卧倒，舒展两翅，在冰雪上匍匐前进；有时还可在冰雪的悬崖、斜坡上，以尾和翅掌握方向，迅速滑行。企鹅游泳的速度十分惊人，成年企鹅的游泳时速为20~30千米，帝企鹅能游到每小时48千米，比万吨巨轮的速度还要快，甚至可以超过速度最快的捕鲸船。企鹅跳水的本领很高，它能跳出水面2米多高，并能从冰山或冰上腾空而起，跃入水中，潜入水底。因此，企鹅称得上是游泳健将、跳水和潜水能手。

　　企鹅以海洋浮游动物主要是南极磷虾为食，有时也捕食一些乌贼和小鱼等。企鹅的胃口不错，每只企鹅每天平均能吃0.75千克食物，主要是南极磷虾。因此，企鹅作为捕食者在南大洋食物链中起着重要作用。企鹅每年在南极捕食的磷虾约3 300万吨，占南极鸟类总消耗量的90%，相当于鲸捕食磷虾的一半。

　　企鹅的栖息地因种类和分布区域的不同而异，帝企鹅喜欢在冰架和海冰上栖息；阿德雷企鹅和金图企鹅既可以在海冰上，又可以在无冰区的露岩上生活；在亚南极的企鹅，大都喜欢在无冰区的岩石上栖息，并常用石块筑巢。

企鹅喜欢群栖，一群有几百只、几千只、上万只，最多者甚至达10万~20万只。在南极大陆的冰架上，或在南大洋的冰山和浮冰上，人们可以看到成群结队的企鹅聚集的盛况。有时，它们排着整齐的队伍，面朝一个方向，好像一支训练有素的仪仗队，在等待和欢迎远方来客；有时它们排成距离、间隔相等的方队，如同团体操表演的运动员，阵势十分整齐壮观。

阿德雷企鹅列队前进

企鹅的性情憨厚、大方，十分逗人。尽管企鹅的外表道貌岸然，显得有点高傲，甚至盛气凌人，但是，当人们靠近它们时，它们并不望人而逃，而是有时好像若无其事，有时好像羞羞答答、不知所措，有时又东张西望、交头接耳、唧唧喳喳。那种憨厚并带有几分傻劲的神态，真是惹人发笑。

帝企鹅与其他种类的企鹅有所不同。帝企鹅身高一般1.20米，体重40千克左右，是南极洲最大的企鹅，也是世界企鹅之王。其形态特征是脖子底下有一片橙黄色羽毛，向下逐渐变淡，耳朵后部最深。全身色泽协调，庄重高雅。

王者风范

在距中山站东北方向20多千米处，有一个阿曼达湾，这里是帝企鹅聚集地，我们称之为帝企鹅岛。其实这里是冰架、陆地和海冰间一块三角形的陆缘海冰带。我曾有幸于第二十二次南极考察期间乘坐直升机由"雪龙"船飞抵此岛，对这个帝企鹅王国进行过实地察看。当时，此岛上的绝大部分成年帝企鹅已纷纷离开了自己的家园，去冰雪消融的大海里觅食活动了。岛上只剩下成群的正处在换毛期的小企鹅和几只负责看护雏企鹅的成年企鹅。每只成年

阿曼达湾帝企鹅岛

看护

企鹅精心看护着一批小企鹅,以防止小企鹅受到南极贼鸥的攻击及其他的伤害。这就是所谓的"雏企鹅幼儿园"。

在每年的6月份,南极处在极夜期间,成群结队的帝企鹅便会陆陆续续回到这里,组成上万只帝企鹅的企鹅王国。它们成双结对不用预约,为了共同的目标来到繁衍后代的家园。雌企鹅每次只能产下一枚蛋,由于帝企鹅没有任何筑巢搭窝的建材,没有任何防潮保温的铺垫,产下的蛋只能搁置在雌企鹅的脚面。而孵化的重任由雄企鹅承担,雄雌企鹅面对面,双脚慢慢接近,雌企鹅笨拙而小心翼翼地把蛋传到雄企鹅的脚面。传递交接后,雌企鹅拖着疲惫的身躯和雄企鹅告别,它要回到大海去觅食,使自己体内最大程度地储存脂肪和食物,等到雄企鹅腹下的小企鹅破壳而出再归来。雄企鹅接过蛋,脚跟着地翘起脚尖。脚面托举着蛋用腹部的羽绒遮盖,在没有日照、地球气温最寒冷的地方,辛勤孵化着后代。雄企鹅不吃不喝,聚在一起,脚面上举托着蛋,靠脚跟着地像走钢丝一样摇摆行走,忍受着狂风暴雪的袭击,用脚跟原地调整着后背迎风的方向。六十天苦苦的煎熬,新生命终于诞生,此时雌企鹅归来接替雄企鹅的工作。接过宝宝的雌企鹅口对口地给

帝企鹅幼儿园

幼儿园老师

小企鹅进行喂食。而雄企鹅带着已耗尽能量的身躯，和母子俩告别，回到大海觅食，恢复自己的体能准备归来后再与雌企鹅交接。

第二十四次南极考察期间，我们来到了长城站进行南极物资运输和科学考察活动。在此期间，我们登上了长城站对面不远的企鹅岛。此岛与长城站一衣带水，当潮水退去之时，沿着露出水面的小路，可径直由长城站走上此岛。这座企鹅岛上大多数是金图企鹅，少数为帽带企鹅。我们在企鹅岛上看到，这里的小山头上布满了金图企鹅的巢穴。这些巢穴均由小石砾堆砌而成。每只巢穴里都有一只大企鹅正在抚育着两只小企鹅。金图企鹅拥有自己的巢穴以及雌企鹅每次可产两枚蛋，这是与帝企鹅有着根本区别的地方。

阿德雷企鹅是南极企鹅中数量最多的一种。在中山站附近常常可以看到它们的身影，或成群在冰面上休息，或排着长长的队伍在冰上行进，或在水面上翻腾鱼跃捕食

哺 育

温暖的怀抱

金图企鹅岛

嬉戏。阿德雷企鹅形体娇小，行动较为灵活，与走路有板有眼的帝企鹅相比，阿德雷企鹅走起路来有些蹦跳的感觉，尤其是在快速跑动的时候。而且，阿德雷企鹅好奇心很强，喜欢凑热闹。曾经有一次，我们在冰面上举行足球比赛，比赛正酣，两只阿德雷企鹅从远处赶来，冲入我们的赛场，跟着我们一起在场内跑来跑去，任凭我们怎么驱赶，它俩也不离开。它们的憨态和活泼劲儿真是让我们哭笑不得。

灵巧的阿德雷企鹅

慵懒的海豹——非诚勿扰

海豹也是我们在南极常见的一种动物。当"雪龙"船穿过南极圈向南极大陆行进过程中，我们便会时常看到在远处雪白的浮冰之上，黑黑的圆滚滚的几个形如圆石的物体，一动不动地静卧在那里，那便是海豹。

海豹体粗圆呈纺锤形，全身披短毛，背部蓝灰色，腹部乳黄色，带有蓝黑色斑点。头部圆圆的，貌似家犬，眼大而圆，无外耳郭，上唇触须长而粗硬，呈念珠状。四肢均具五趾，趾间有蹼，形成鳍状肢，有锋利的爪。后鳍肢大，向后延伸，尾短小而扁平。毛色随年龄变化：幼兽色深，成兽色浅。

海豹生性慵懒，喜欢躺在雪地里晒着太阳呼呼大睡，外界的一切似乎很难干扰它的睡眠。当"雪龙"船带着"轰轰"的撞冰声快速行至其近前时，它才毫不情愿抬起头向我们这里张望一下，然后拖着臃肿的身躯慢悠悠地向旁边逃去。

与"雪龙"船合影

海豹选择逃生的方法往往是钻入冰下的海水中。别看海豹在陆地或冰面上行动迟缓，非常笨拙，就连挪动一下身体都显得非常费力，但是它一旦下水，就与在陆地上判若两"人"了。海豹的游泳本领很强，速度可达每小时20~30千米，最高可达37千米，同时又善潜水，一般可潜200米左右。潜水能力最强的是威德尔海豹，最深可潜到600多米深处，持续70分钟。海豹生活在寒温带海洋中，除产仔、休息和换毛季节需到冰上、沙滩或岩礁上之外，其余时间都在海中游泳、取食或嬉戏。

好奇的小威德尔海豹

海豹主要捕食各种鱼类和头足类，有时也吃甲壳尔海豹。它的食量很大，一头六七十千克重的海豹，一天要吃七八千克的鱼。

海豹是鳍足类中分布最广的一类动物，从南极到北极，从海水到淡水湖泊，都有海豹的足迹。南极海豹数量最多，其次是北冰洋、北大西洋、北太平洋等地。海豹是鳍足类中的一个大家族，全世界共有19种。其中包括鼻子能膨胀的象海豹、头形似和尚的僧海豹、身披白色带纹的带纹海豹、体色斑驳的斑海豹、雄兽头上具有鸡冠状黑皮囊的冠海豹。

海豹社会实行 "一夫多妻" 制。在发情期，雄海豹便开始追逐雌海豹，一只雌海豹后面往往跟着数只雄海豹，但雌海豹只能从雄海豹中挑选一只。因此，雄海豹之间不可避免地要发生争斗，狂暴的海豹会对自己的 "竞争" 对手给予猛烈的伤害：用牙齿狠咬对方。有些雄海豹的毛皮便因此而撕破，鲜血直流。战斗结束，胜利者便和雌海豹一起下水，在水中交配。

中山站附近最常见的是威德尔海豹。威德尔海豹是出名的海冰打洞专家，出没于海冰区，并能在海冰下度过漫长黑暗的寒冬。它靠锋利的牙齿啃冰钻洞，从冰洞中伸出头来进行呼吸。为了维持威德尔海豹赖以生存的冰洞，使冰洞在零下几十摄氏度的低温下不被冻结，威德尔海豹付出了巨大的代价。人们经常看到它们左右不停地摆头，用牙齿啃咬和刮掉刚刚冻结的海冰，以维持呼吸，即使是牙龈磨出血来也在所不惜。

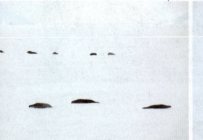

图组：慵懒的海豹静卧于冰面

在距中山站不远的澳大利亚戴维斯站，我们可以看到有身形巨大的象海豹群居栖息在那里。

象海豹是世界上最大的海豹，目前只有生活在南半球的南象海豹和生活于北半球的北象海豹。雄性南象海豹长达650厘米，体重最重可达4吨。象海豹形状奇特，有一个能伸缩的鼻子，当它兴奋或发怒时，鼻子就会膨胀起来，并能发出很响亮的声音。由于它们分布在南极周围，其全称被称之为"南象海豹"。

象海豹不仅相貌丑陋，而且体色呈灰青色，年岁较大的象海豹体色呈淡褐和淡黄色，给人一种"肮脏"之感，不仅是外观，其实象海豹生性就不大讲卫生，特别是每年的换毛季节，它们成群结队地拥挤在长有苔藓植物的岸边泥坑里，弄得身上很脏，满身是泥。但是别看它体躯巨大而肥胖，实际上却十分柔软，头向背、尾方向弯曲可以超

面貌 "丑陋" 的象海豹

争斗玩耍中的小象海豹

过90°。过去这种海豹数量很多，但由于它体躯肥大、脂肪丰厚，因而被大量捕杀，现幸存的数量实在少得可怜。南象海豹曾分布在大西洋、太平洋、印度洋三大洋的南部和南极附近的许多岛屿的周围，现在仅分布在围绕南极的大洋岛屿和南极大陆岸边。

群居的象海豹

象海豹的四只脚都呈鳍状，后腿不能向前弯曲，只靠前脚匍匐爬行。虽然它们在陆地上行动笨拙，但一旦进入海中，马上变得非常灵活。象海豹主要吃乌贼、章鱼等。在繁殖期，雄象海豹上岸找一块居家之地，几个星期后雌象海豹也上岸来，这时它们可多达百只一群，但通常是10~20只。雄性此时会有争雄的打斗。幼象海豹在10月初诞生，刚生出来就有120厘米长，三四十千克重。母象海豹在产后不久便再次交配，并哺乳幼仔三个星期，在此期间母象海豹不吃东西，所以体重会减轻三分之一。幼象海豹约五个星期脱过胎毛后，即能下海生活了。象海豹几乎没有天敌，但幼象海豹经常死于象海豹群自身的混乱无序。

贪食的贼鸥

南极鸟类都是海鸟，除企鹅外其他都是飞鸟，而在飞鸟中，只有雪海燕是土著居民，其余均为侨民。在南极繁殖的飞鸟共有33种，约6 500万只。南极飞鸟有23种属于信天翁类和海燕类，其余的为海鸥类。

有一种南极海鸥叫贼鸥，褐色洁净的羽毛，黑得发亮

冰上休息

的粗嘴喙，圆圆的眼睛，目光炯炯有神，尽管它的长相并不十分难看，但其独有不劳而获、偷盗抢劫的习性，因此在南极鸟类中有着不好的名声，"贼鸥"也因此而得名，因其常明抢暗偷且对其他小动物凶悍残忍，有人甚至把它称为"空中强盗"。

欲飞

　　懒惰成性的贼鸥，对食物的选择并不十分严格，不管好坏，只要能填饱肚子就可以了。除鱼、虾等海洋生物外，鸟蛋、幼鸟、海豹的尸体和鸟兽的粪便等都是它的美餐。有时，贼鸥甚至穷凶极恶地从其他鸟、兽的口中抢夺食物。一旦填饱肚皮，就蹲伏不动，消磨时光。贼鸥是企鹅的大敌，尤其是在企鹅的繁殖季节，贼鸥经常出其不意地袭击企鹅的栖息地，叨食企鹅的蛋和雏企鹅，闹得企鹅群鸡飞狗跳。袭击企鹅时，贼鸥亦会两只共同协作，犹如使用调虎离山计，即一只在前面引开护蛋的企鹅，另一只在后面盗取企鹅蛋。

　　贼鸥好吃懒做，不劳而获，它从来不自己垒窝筑巢，而是采取霸道手段，抢占其他鸟的巢窝，驱散其他鸟的家庭。当人们不知不觉地走近它的巢地时，它便不顾一切地袭来，唧唧喳喳地在头顶上乱飞，甚至向人们俯冲，又是抓，又是叨，有时还用向人们头上拉屎的方式对涉足它们领地的队员进行攻击。

"雪龙"船到达南极长城站或中山站附近后，成群的贼鸥便如约而至、或在船的上空盘旋、或在船边的水

无所畏惧的贼鸥

面、冰面上逗留、或在船甲板上逡巡，伺机盗取食物。甲板上堆放整齐的袋装食品垃圾时常被它们翻得乱七八糟。当我们在甲板上搬运食品时，它们又会乘人不备对我们的食品进行叨食，被我们驱赶后，不大一会儿功夫，便会再次来袭。

南极贼鸥是地球上在最南纬度可发现的鸟类，在南极点上曾有其出现的纪录。在南半球有南极及亚南极两种贼鸥，身长分别约是53厘米与63厘米，前者的体型略小且有较浅的白色羽毛，不同于亚南极种之贼鸥可能成对的活动。贼鸥在夏日繁殖，每次会产两枚蛋，孵化期约为27天，经常只有 1 只幼鸟能存活。冬季时，它们活跃于海上，甚至可能飞到北太平洋的阿留申群岛。

水面觅食

贼鸥的某些生活习性虽然令人厌恶，但是，它们也是为了自身的生存和物种的延续的需要才这样做的。贼鸥既然属鸟类，那当然是人类的朋友，我们不能对其有任何的伤害。我们也应该看到贼鸥有其可爱的一面。贼鸥向人类发起攻击，也是因为人类擅闯了它们的禁地，为了保护自己的家园、保护自己的幼雏，而进行的自我防卫。在中山站，有两只贼鸥和站上的队员混得相当的熟，它们也把站区看做了自己的家，经常来到站上和队员做伴。每当中山站开饭的钟声敲响，它们便会如约而至。贼鸥的到来也给站上队员枯燥、乏味的生活增添了不少乐趣。

　　贼鸥的飞行能力很强。南极的贼鸥能飞到北极，并在那里生活。可见，贼鸥是一种勇敢而又坚毅的飞禽，万里行程，无所畏惧。人类为了某种理想和追求，可以越过千山万水，行走于地球的两端，而贼鸥同样可以做到。说到这里，又让人不由得对贼鸥心生几分敬意。

贼鸥振翅